INVENTAIRE
V 33849

I0075744

MÉTROLOGIE DE L'AUDE

PAR

L.-B.-R. CANTAGREL,

Sous-directeur à l'Ecole Normale.

CARCASSONNE,
IMPRIMERIE DE L. POMIÉS-GARDEL.

1839.

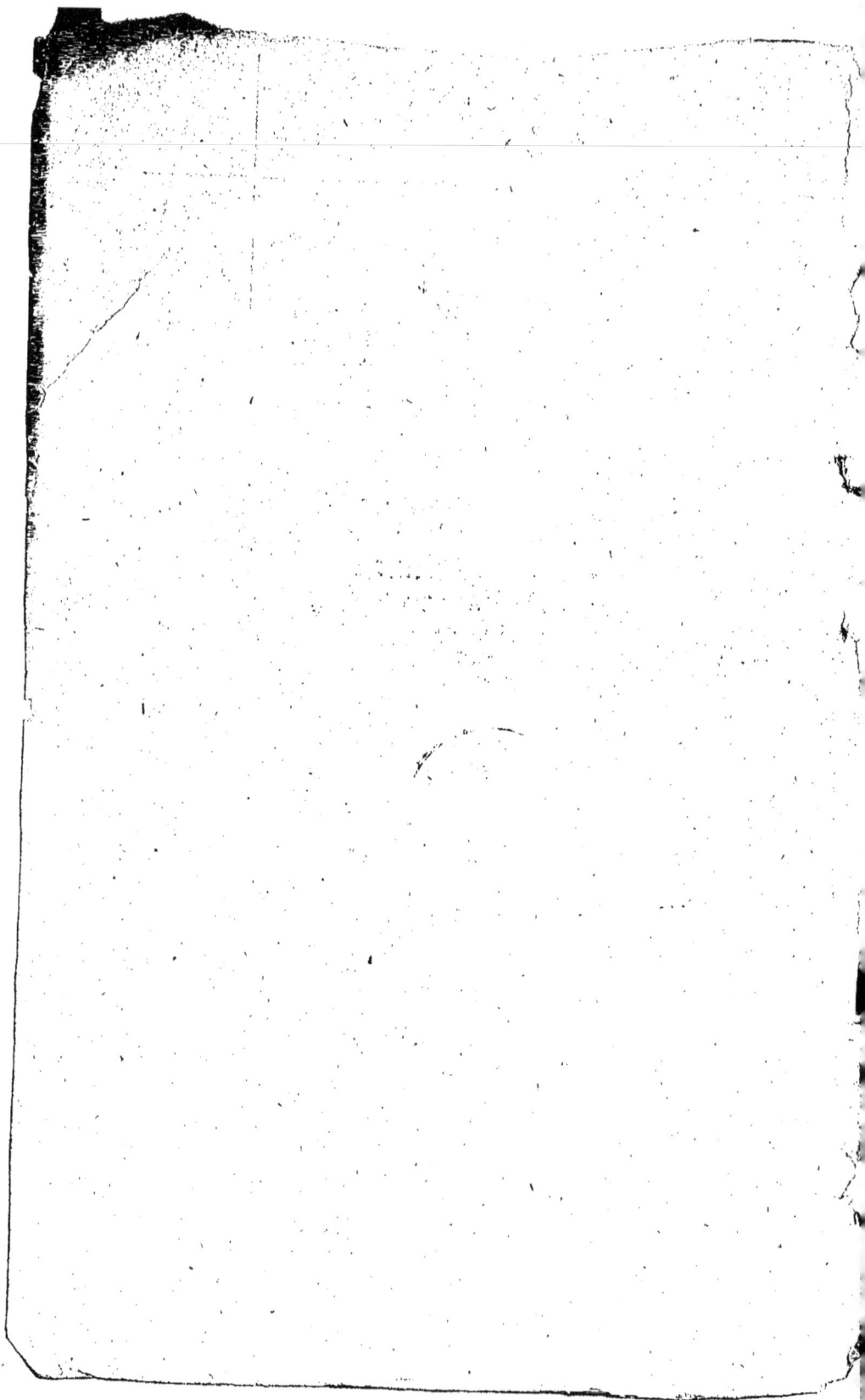

MÉTROLOGIE DE L'AUDE

ou

TABLEAU DES MESURES ANCIENNES

EN USAGE DANS CE DÉPARTEMENT

AVEC LEURS RAPPORTS RÉCIPROQUES AUX

MESURES LÉGALES,

PRÉCÉDÉE D'UN EXPOSÉ DU SYSTÈME MÉTRIQUE ; D'UNE TABLE INDIQUANT LES
DIMENSIONS DES FUTAILLES NOUVELLES, DEPUIS LA CAPACITÉ D'UN
DEMI-HECTOLITRE JUSQU'A MILLE HECTOLITRES ; D'UN
MOYEN D'OBTENIR LE POIDS D'UN CORPS,
ETC., ETC., ETC. ;

PAR L. R. R. CANNAGREL,

BIBLIOTHÈQUE ROYALE
Sous-directeur à l'École Normale.

CARCASSONNE,
IMPRIMERIE DE L. POMIÉS-GARDEL.

—

1839.

V

33849

Tout exemplaire non revêtu de ma signature sera réputé contrefait, et le débitant sera poursuivi conformément aux lois.

PRÉFACE.

Désirant contribuer à rendre populaires et gé-
nérales les mesures prescrites par la loi du 4 juil-
let 1837 , j'ai rédigé cet ouvrage sur le rapport
des mesures anciennement en usage dans le département de l'Aude aux mesures nouvelles. J'ai
recherché avec soin tout ce qui pouvait m'être
utile dans l'accomplissement de cette difficile
tâche. L'ouvrage de M. Caraguel m'a été d'un
grand secours ; je dois m'empresser de dire pour-
tant que je n'ai pas suivi aveuglément ses calculs;
je les ai comparés avec les miens , je me suis ainsi
assuré de l'exactitude de mes opérations. Les rapports des mesures du vin et de l'huile surtout ne
m'ont pas toujours paru vrais dans l'auteur cité.
J'avoue qu'il est bien difficile , pour ne pas dire
impossible , d'obtenir la valeur exacte des anciennes mesures , faute d'étalon , de base : plusieurs épreuves , plusieurs expériences faites dans
des localités différentes m'en ont convaincu.
Quelquefois , étonné de la multiplicité des mesures , qui changent suivant les communes , j'ai

été tenté d'abandonner mon travail. Je pourrais dire, sans exagérer, que plus de 300 mesures, toutes différentes de valeur, de nom, d'origine, étaient employées dans le département de l'Aude; aussi j'ai préféré souvent donner les rapports tels qu'ils ont été établis par l'usage.

Cet ouvrage sera, je l'espère, d'un grand secours pour MM. les instituteurs, les propriétaires, les marchands, etc. Les instituteurs n'initieront point leurs élèves dans la connaissance des anciennes mesures, je m'empresse de le dire, mon ouvrage n'a pas été fait dans ce but. Les enfants doivent ignorer jusqu'aux noms des unités anciennes; leurs progrès dans l'étude du nouveau système en souffriraient.

Le mécanisme des nouvelles mesures est si facile d'ailleurs, qu'un peu de bonne volonté et de mémoire suffit pour le connaître. Avec ces manières uniformes de mesurer, difficultés, fraudes et procès disparaissent; on s'entend partout, on parle partout le même langage. L'admirable simplicité de ce système doit faire croire qu'un jour toutes les nations de l'Europe l'adopteront, comme nous adoptons tout ce qui est beau et utile chez elles.

Il serait curieux de faire l'histoire des efforts tentés par nos rois, à toutes les époques, pour établir l'uniformité des mesures. Charlemagne, Charles-le-Chauve, Philippe V, dit le Long, François Ier et tant d'autres dont l'énumération serait longue, trouvèrent toujours dans l'exécution de cette entreprise, des obstacles insurmontables, causés par la puissance des seigneurs dans leurs domaines, et par la difficulté de mesurer le tour de la terre (a). Il était réservé aux savants de nos jours de résoudre cet important problème. D'un autre côté, l'abolition des droits féodaux permettait au gouvernement d'imposer à tous l'uniformité des mesures.

Plus de 40 ans se sont passés depuis l'établissement du système métrique; l'instruction, répandue partout, a eu le temps de déraciner les vieilles habitudes et de faire sentir la supériorité du nouveau système sur l'ancien.

Je dois en finissant des remercîments à M. le Préfet de l'Aude et à MM. les Maires du département, pour l'empressement qu'ils ont montré

(a) La première idée de mesurer le tour de la terre remonte à Henri II (1550). Auparavant on avait long-temps cherché quelque chose qui pût servir de base, de principe ; les uns indiquaient la hauteur d'une tour, les autres la largeur d'une rivière à son embouchure ; mais on pensa bientôt que, ni la tour, ni la rivière ne pouvaient être à l'abri des ravages du temps, et alors il était impossible de retrouver le principe de comparaison.

à me fournir de précieux renseignements. Si cet ouvrage atteint le but que je me suis proposé, c'est-à-dire d'être utile, c'est à eux, en grande partie, que ce succès sera dû.

TABLE DES MATIÈRES.

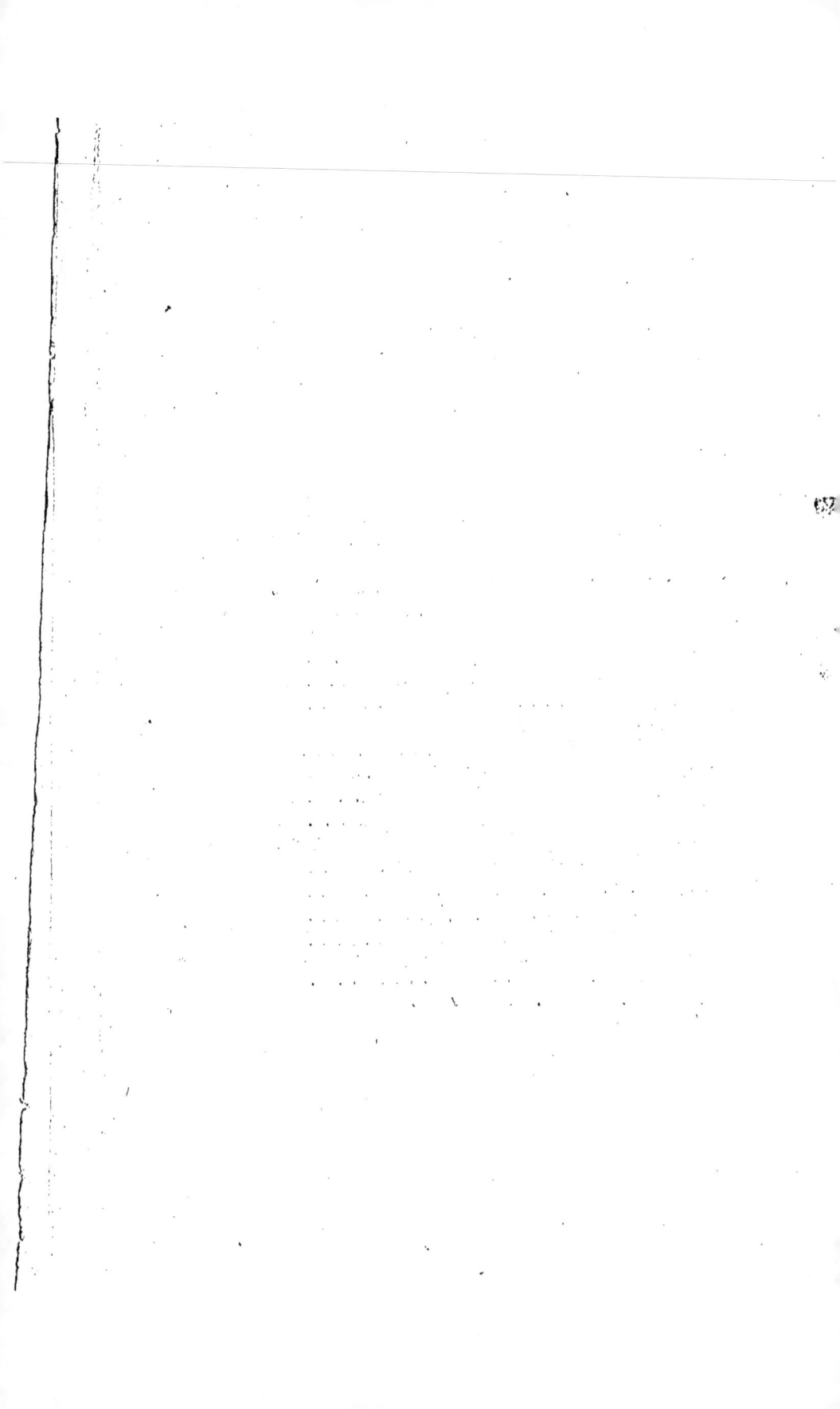

EXPOSÉ

DU

SYSTÈME MÉTRIQUE.

L'ensemble de toutes les manières différentes d'évaluations, de comparaisons nouvelles, forme ce qu'on appelle le *Système métrique*.

Il est appelé *métrique* à cause du *mètre* qui en est le principe, la base.

Pour que l'unité des mesures ne puisse jamais être altérée ni détruite, elle a été prise dans la nature. On a mesuré le quart du tour ou méridien de la terre, et l'on a supposé que cette longueur était de dix millions d'unités, dont l'une a reçu le nom de mètre qui veut dire *mesure*; ainsi le mètre est la dix millionième partie du quart du méridien terrestre.

Ce n'était pas encore assez d'avoir déterminé l'unité de longueur, il fallait trouver un moyen d'y ramener les autres unités de comparaison; c'est ce que les savants, chargés de la réalisation de cette idée, ont entrepris et exécuté. Les anciennes dénominations, source d'erreurs et de procès dans leur usage, furent supprimées et remplacées par celles de *mètre*, d'*are*, de *stère*, de *gramme*, de *litre* et de *franc*, unités qui dérivent toutes du mètre.

Les anciennes mesures avaient des subdivisions irrégulières : ici, elles se divisaient en 6 parties, en 12; là en 16, en 18, en 72, en 20, etc. Il fallait un

1

temps infini pour connaître le système des mesures, pour faire et résoudre les opérations relatives. Les nouvelles unités ont leurs divisions et leurs multiples, tous basés sur le système décimal. Ainsi le mètre, l'are, le stère, le litre, le gramme et le franc contiennent chacun dix parties qui portent le nom de décimètre, décistère, décilitre, décigramme, décime, (pour décifranc); chaque dixième contient dix parties qu'on appelle centièmes ou centimètre, centilitre, etc.; chaque centième se divise lui-même en dix millièmes ou millimètres, millilitres, etc., absolument comme dans le système décimal.

La réunion de dix unités métriques forme une nouvelle unité qu'on exprime en mettant *déca* devant le mot : ainsi dix mètres forment un décamètre, dix grammes, un décagramme; dix litres, un décalitre, etc. La réunion de dix de ces dernières unités forme une centaine que l'on nomme par le mot *hecto* mis avant l'unité principale : ainsi dix décamètres ou cent mètres valent un hectomètre; dix décagrammes ou cent grammes, un hectogramme; dix décalitres ou cent litres, un hectolitre, etc. Il en est de même de *kilo* placé avant l'unité principale, qui exprime dix hecto ou cent déca ou mille unités; par conséquent un kilogramme signifiera dix hectogrammes ou cent décagrammes ou mille grammes, etc.; enfin dix mille unités métriques donnent naissance à une unité qui se forme de *myria* placé devant le mot, comme myriagramme pour dix mille grammes, myriamètre pour dix mille mètres, etc.

Nous allons maintenant faire connaître succinctement les unités qui composent le système légal des mesures.

§. 1.er — MÈTRE.

Le mètre est, comme nous l'avons dit plus haut, la base des nouvelles mesures; il sert aussi lui-même à comparer les longueurs, les dimensions des corps.

Les multiples du mètre sont : le décamètre (10 mètres), l'hectomètre (100 mètres), le kilomètre (1000 mètres), et le myriamètre (10,000 mètres); le myriamètre est l'unité itinéraire légale.

Les divisions du mètre sont le décimètre ($^1/_{10}$ du mètre), le centimètre ($^1/_{100}$ du mètre), et le millimètre ($^1/_{1000}$ partie).

§. 2. — ARE.

L'are est l'unité des mesures de surface; c'est à l'are que l'on rapporte la grandeur des champs, des vignes, des prés, etc.; il est égal à un carré dont les côtés ont un décamètre.

De ce que les côtés de l'are ont une longueur de dix mètres, il est facile de voir qu'il doit contenir 100 carrés dont les côtés auront un mètre, car (*Fig.* 1.) en joignant tous les points de division, on forme dix tranches de dix mètres carrés chacune, par conséquent, l'are vaut 100 mètres carrés. Le seul multiple usité de l'are est l'hectare qui vaut 100 ares ou 10,000 mètres carrés. L'are n'a aussi qu'un sous-multiple usité qui est le centiare ou $^1/_{100}$ partie de l'are; or, le mètre carré, comme nous l'avons vu plus haut, est contenu cent fois dans l'arc, nous conclurons facilement que le centiare est égal à un mètre carré.

§. 3. — STÈRE.

L'unité des mesures de solidité pour le bois est le stère. C'est un cube (forme semblable à celle d'un dé à jouer) dont les dimensions sont d'un mètre en longueur, en largeur et en épaisseur. C'est au stère qu'on mesure le bois de chauffage en bûches. Pour mesurer un stère de bois, on a un carré composé de quatre tringles en bois de la longueur d'un mètre, on pose ce carré verticalement et on le remplit de bûches dont la longueur doit être d'un mètre. Le bois de vigne ou autre qu'il serait difficile de mesurer au stère, se vend ordinairement au poids.

Le stère contient mille petits cubes d'un décimètre chacun, car, en joignant les points de division entre eux, on aura dans le cube entier dix tranches épaisses d'un décimètre et contenant chacune 100 décimètres cubes. En effet, (*Fig.* 2.) la base ou le carré du fond du stère contient 100 carrés d'un décimètre et servant de base chacun à 10 cubes d'un décimètre; puisqu'il y a dans le carré du fond 100 carrés ou cent bases, le stère contiendra cent fois 10 ou mille décimètres cubes.

Le même rapport existera entre le décimètre cube et le centimètre cube; le décimètre en longueur contenant dix centimètres, le décimètre cube sera composé par conséquent de mille centimètres cubes, et le mètre cube

entier vaudra mille fois mille ou un million de centimètres cubes.

Si l'on a bien saisi ce que nous venons de dire sur
l'are et sur le stère, on comprendra aisément pourquoi,
dans l'énonciation des fractions décimales du mètre carré,
les décimètres carrés occupent le deuxième rang, c'est-
à-dire, le rang des centièmes ; les centimètres carrés,
le quatrième rang ou celui des dix millièmes ; les millimètres carrés, le sixième rang ou celui des millionièmes
de mètre ; pourquoi dans l'énonciation des fractions décimales du mètre cube, les décimètres cubes doivent
être au 3.me rang ou aux millièmes ; les centimètres cubes
au 6.me rang ou à celui des millionièmes ; les millimètres
cubes, au 9.me, etc. Le tableau (p. 8.) fera connaître les
multiples et les sous-multiples usités du stère.

§. 4. — LITRE.

On appelle *litre* la contenance, la capacité d'un décimètre cube. C'est avec le litre qu'on mesure les grains,
les liquides, le sel, le plâtre, etc. Les mesures du litre
répandues dans le commerce n'ont pas la forme d'un décimètre cube, on leur a donné celle d'un cylindre dont
la hauteur est égale à la largeur, pour les grains et les
autres matières sèches ; et pour les liquides, la hauteur
est le double de la largeur, mais la capacité de ces mesures est égale à un décimètre cube.

Les multiples du litre consacrés par l'usage, sont:
le décalitre (10 litres), et l'hectolitre (100 litres).

Les sous-multiples sont le décilitre, le centilitre et le
millilitre.

Le litre étant la capacité d'un décimètre cube, le mètre cube contiendra par conséquent mille litres, ou dix hectolitres, ou cent décalitres.

§. 5. — GRAMME.

Le gramme est l'unité de poids; il pèse lui-même un centimètre cube d'eau distillée. Comme cette unité est trop petite pour l'usage du commerce, on prend ordinairement pour unité de poids le kilogramme, qui n'est autre chose qu'un multiple du gramme, c'est-à-dire, mille grammes. L'usage du reste a consacré cette dénomination. Le gramme, le décigramme et le milligramme ne sont employés que dans l'appréciation des matières précieuses.

Le litre contenant mille centimètres cubes, un litre d'eau distillée devra peser mille grammes ou un kilogramme, enfin le mètre cube contenant mille litres, un mètre cube d'eau distillée pèsera mille kilogrammes.

§. 6. — FRANC.

Le franc est l'unité de comparaison pour les monnaies. C'est une pièce d'argent pesant 5 grammes, renfermant $\frac{9}{10}$ d'argent pur et $\frac{1}{10}$ de cuivre, ou 4 grammes 5 décigr. d'argent et 5 décigr. de cuivre.

Les sous-multiples du franc sont le décime et le centime. (L'usage a adopté ces dénominations au lieu de décifranc, centifranc.)

Le franc n'a pas de multiples usités, on dit 10 francs, 100 fr., 1,000 fr., etc., au lieu de décafranc, hectofranc, kilofranc, etc.

Les pièces d'argent répandues dans le commerce et fabriquées d'après le nouveau système sont : en or, pièces de 40 fr. et de 20 fr. ; en argent, pièces de 5 fr., de 2 fr., de 1 fr., de 50 centimes et de 25 centimes ; en cuivre, pièces de 10 centimes, de 5 centimes et d'un centime.

Le tableau (*p.* 10.) indiquera du reste le poids et la valeur relative de ces matières.

Les pièces d'argent pourront servir au besoin pour peser. Sachant que le franc pèse cinq grammes, 200 fr. vaudront un kilogramme ; 20 fr., un hectogramme ; 2. fr., un décagramme. La pièce de cinq francs pèse 25 grammes, etc.

SYSTÈME MÉTRIQUE.

LONGUEUR.		AGRAIRES.		SOLIDITÉ.		CAPACITÉ.		POIDS.		MONNAIES.	
Myriamètre	10000, mètr.	»		»				Myriagramme	10000, gr.	»	
Kilomètre	1000,	»		»				Kilogramme	1000,	»	
Hectomètre	100,	Hectare, ou dix mille mètr. carr.	100, ares.	»		Hectolitre	100, litres.	Hectogramme	100,	»	
Décamètre	10,	»		Décastère	10, stèr.	Décalitre	10,	Décagramme	10,	»	
MÈTRE	1.	ARE	1,	STÈRE	1,	LITRE	1,	GRAMME	1,	FRANC	1, fr.
Décimètre	0,1	»		Décistère	0,1	Décilitre	0,1	Décigramme	0,1	Décime	0,1
Centimètre	0,01	Centiare ou un mètre carré.	0,01	»		Centilitre	0,01	Centigramme	0,01	Centime	0,01
Millimètre	0,001	»		»		Millilitre	0,001	Milligramme	0,001	»	

MOTS TIRÉS DU GREC.. — Myria veut dire dix mille fois l'unité métrique.
Kilo — mille fois —
Hecto — cent fois —
Déca — dix fois —

MOTS TIRÉS DU LATIN... — Déci veut dire la dixième partie de l'unité métrique.
Centi — centième partie —
Milli — millième partie —

TABLEAU des Mesures répandues dans le commerce et seules autorisées.

MESURES DE LONGUEUR.		MESURES POUR LES SURFACES.		MESURES DE SOLIDITÉ.	MESURES DE CAPACITÉ.		POIDS.		PIÈCES DE MONNAIE.
				STÈRE.	**En bois de chêne.**		**En Fer ou en Cuivre.**		**En Or.**
				Quatre tringles en bois de chêne, solidement attachées entre elles et formant un carré intérieur d'un mètre. Les deux côtés verticaux du carré sont divisés en dix parties pour indiquer les décistères. (Fig. 5.)	Double décalitre	20, litt.	Quarante kilogram.	40, kil.	Louis d'or de 40 francs.
					Décalitre	10,	Vingt kilogrammes	20,	Louis d'or de 20 francs.
					Demi-décalitre	5,	Dix kilogrammes	10,	**En Argent.**
					Deux litres	2,	Cinq kilogrammes	5,	Pièce de 5 francs.
Mètre	1, m.	Chaîne de deux décamètres	20, m.		Litre	1,	Deux kilogrammes	2,	Pièce de 2 francs.
Demi-mètre	0,5	Chaîne d'un décam.	10,				Un kilogramme	1,	Pièce de 1 franc.
Double décimètre	0,2	Compas de deux mètres	2,		**En étain.**		**En Cuivre.**		Pièce de 50 centimes.
					Double litre	2,	Double kilogramme	2,	Pièce de 25 centimes.
					Litre	1,	kilogramme	1,	**En Cuivre.**
					Demi-litre	0,5	Demi-kilogramme	0,5	Pièce de 10 centimes.
					Deux décilitres	0,2	Deux hectogrammes	0,2	Pièce de 5 centimes.
					Décilitre	0,1	Hectogramme	0,1	Pièce de 1 centime.
					Demi-décilitre	0,05	Demi-hectogramme	0,05	
					Deux centilitres	0,02	Deux décagrammes	0,02	
					Centilitre	0,01	Décagramme	0,01	
							Demi-décagramme	0,005	
							Deux grammes	0,002	
							Gramme	0,001	
							Demi-gramme	0,0005	
							Deux décigrammes	0,0002	
							Décigramme	0,0001	
							Demi-décigramme	0,00005	
							Deux centigrammes	0,00002	
							Centigramme	0,00001	
							Demi-centigramme	0,000005	
							Deux milligrammes	0,000002	
							Milligramme	0,000001	

DIMENSIONS des Mesures de capacité répandues dans le commerce.

NATURE DES OBJETS.	NOM ET VALEUR des mesures.	HAUTEUR intérieure.	LARGEUR ou diamètre intérieur.
NOTA. Pour les matières sèches la hauteur interne des mesures est égale au diamètre. Pour les liquides, la hauteur doit être le double du diamètre.		mèt.	mèt.
POUR LES MATIÈRES SÈCHES...... Double décalitre.	0,29420	0,29420
	Décalitre.	0,25356	0,25356
	Demi-décalitre.	0,18534	0,18534
	Double litre.	0,15656	0,15656
	Litre.	0,10838	0,10838
POUR LES LIQUIDES.............. Double litre.	0,21676	0,10838
	Litre.	0,17204	0,08602
	Demi-litre.	0,13656	0,06828
	Double décilitre.	0,10062	0,05031
	Décilitre.	0,07986	0,05993
	Demi-décilitre.	0,06339	0,05169
	Double centilitre.	0,04671	0,02335
	Centilitre.	0,037068	0,018534

POIDS et Valeur des Monnaies.

PIÈCES ET LEUR VALEUR.	Poids de la matière sans alliage.	POIDS TOTAL.	Kilogramme.	VALEUR en pièces d'or et alliage.	VALEUR en argent et alliage.
	gramm.	gramm.		fr.	fr.
Or.			1	3100,01	200,00
Pièce de 40 francs.	11,6129	12,9032	2	6200,01	400,00
Pièce de 20 francs.	5,8064	6,4816	3	9300,02	600,00
			4	12400,02	800,00
Argent.			5	15500,03	1000,00
Pièce de 5 francs.	22,50	25,00	6	18600,04	1200,00
Pièce de 2 francs.	9,00	10,00	7	21700,04	1400,00
Pièce de 1 franc.	4,50	5,00	8	24800,05	1600,00
Pièce de 0,50 centimes.	2,25	2,50	9	27900,05	1800,00
Pièce de 0,25 centimes.	1,125	1,25	10	31000,06	2000,00
			20	62000,12	4000,00
Cuivre.	Le poids de ces pièces		30	93000,18	6000,00
Pièce de 1 décime.	ne peut guère être dé-		40	124000,25	8000,00
Pièce de 5 centimes.	terminé à cause de la		50	155000,31	10000,00
Pièce de 1 centime.	variété de ces sortes de		100	310000,62	20000,00
	monnaies.		1000	3100006,16	200000,00

TABLEAU indiquant les dimensions des princi-pales futailles, d'après le système métrique.

La largeur d'un des fonds, celle du bouge, et la longueur de la futaille, (le tout pris intérieurement) doivent être dans la proportion des nombres 16, 18, 21.

NOM DES TONNEAUX.	CONTENANCE en litres.	LARGEUR intérieure des fonds.		LARGEUR intérieure du bouge.		LONGUEUR intérieure du tonneau.	
		mèt.	millim.	mèt.	millim.	mèt.	millim.
Demi-hectolitre.	50	0,	546	0,	589	0,	454
Trois quarts d'hectolitre.	75	0,	396	0,	445	0,	519
Hectolitre.	100	0,	436	0,	490	0,	573
Hectolitre et demi.	150	0,	500	0,	562	0,	656
Deux hectolitres.	200	0,	550	0,	619	0,	721
Trois hectolitres.	300	0,	630	0,	708	0,	826
Quatre hectolitres.	400	0,	692	0,	779	0,	908
Cinq hectolitres.	500	0,	747	0,	839	0,	980
Six hectolitres.	600	0,	795	0,	892	1,	040
Sept hectolitres.	700	0,	855	0,	959	1,	095
Huit hectolitres.	800	0,	872	0,	981	1,	145
Neuf hectolitres.	900	0,	908	1,	021	1,	191
Dix hectolitres.	1000	0,	941	1,	058	1,	254
Vingt hectolitres.	2000	1,	186	1,	333	1,	555
Trente hectolitres.	3000	1,	557	1,	526	1,	781
Quarante hectolitres.	4000	1,	494	1,	677	1,	959
Cinquante hectolitres.	5000	1,	610	1,	809	2,	112
Cent hectolitres.	10000	2,	028	2,	279	2,	660
Deux cents hectolitres.	20000	2,	555	2,	872	3,	350
Trois cents hectolitres.	30000	2,	925	3,	288	3,	857
Quatre cents hectolitres.	40000	3,	220	3,	618	4,	224
Cinq cents hectolitres.	50000	3,	468	3,	897	4,	548
Six cents hectolitres.	60000	3,	686	4,	144	4,	835
Sept cents hectolitres.	70000	3,	880	4,	362	5,	090
Huit cents hectolitres.	80000	4,	055	4,	558	5,	320
Neuf cents hectolitres.	90000	4,	219	4,	744	5,	555
Mille hectolitres.	100000	4,	370	4,	914	5,	753

Voir x.re note à la fin.

PESANTEUR SPÉCIFIQUE.

On entend par pesanteur spécifique, la pesanteur d'un corps relativement à l'eau distillée. Ainsi, quand on dit que l'or a une pesanteur spécifique de 19,26, c'est dire qu'à volume égal d'or et d'eau distillée, l'or pèse 19 fois et 26 centièmes de fois plus que l'eau distillée. Ainsi l'on sait que le décimètre cube d'eau distillée pèse 1 kilogramme ; un décimètre cube d'or doit peser 19 kilogrammes 26 décagram. Il suffira donc pour savoir le poids d'un corps , d'en connaître le volume en décimètres cubes (a), et pour les liquides , d'en connaître le volume en litres ; multiplier ensuite ce volume par le rapport de la pesanteur spécifique ; le résultat exprimera le poids du corps en kilogrammes.

Pesanteur spécifique des principaux corps.

Platine ,	20,53	Soufre ,	2,03	Bois de chêne sec,	0,86
Or fondu ,	19,26	Argile,	1,93	— de hêtre ,	0,85
Mercure,	13,59	Sel ,	1,92	— de frêne ,	0,84
Plomb fondu ,	11,35	Brique ,	1,85	— d'if ,	0,81
Argent fondu ,	10,47	Houille ,	1,32	— d'ormeau ,	0,80
Bronze,	8,80	Eau de mer ,	1,03	— de pommier ,	0,79
Cuivre rouge,	8,78	Eau distillée ,	1,00	— de sapin ,	0,66
Cuivre jaune,	8,59	Vin ,	0,99	— de tilleul ,	0,60
Acier ,	7,83	Cire ,	0,96	— de noyer ,	0,60
Fer en barres ,	7,79	Poudre de chasse ,	0,93	— de peuplier ,	0,38
Etain ,	7,29	Glace ,	0,92	— de liége ,	0,24
Fer de fonte ,	7,20	Pierre ponce ,	0,92	Air commun,	0,00123253
Zinc ,	6,86	Huile d'olive,	0,91	Oxigène ,	0,00134
Pierre à fusil ,	2,74	Huile de térébenth.	0,79	Hydrogène ,	
Marbre,	2,71	Alcool,	0,78	air de ballon,	0,00009911
Pierre de taille,	2,25	Bois de chêne vert ,	1,15		

(a) On sait que le volume d'un corps de forme cubique s'obtient en multipliant la longueur par la largeur, et ce produit par la hauteur. Ainsi, par exemple, une pierre de taille dont la longueur, la largeur et l'épaisseur seraient 8 décimètres, 5 décimètres 6 décimètres , le volume serait 240 décimètres cubes et le poids 540 kilogr.

Si le corps avait la forme cylindrique, comme une poutre ou autre, voici un moyen alors d'obtenir le volume.

Il peut se présenter deux cas : 1° ou la poutre va en s'amincissant vers un bout, 2° ou elle conserve toujours la même épaisseur. Dans le premier cas , il faut : 1° mesurer avec un cordon ou un ruban, gradué au mètre , les tours ou circonférences des deux bouts ; 2° prendre la moitié de la somme de ces deux circonférences , et la diviser par le rapport de la circonférence au diamètre 3,14159, ce quotient exprimera le diamètre ou la largeur moyenne de la poutre ; 3° multiplier la moitié de la somme des deux circonférences mesurées par le quart de la largeur moyenne ; 4° enfin, multiplier ce résultat par la longueur de la poutre, le produit donnera le volume approximatif du corps.

Dans le deuxième cas , on doit mesurer le tour de la poutre , diviser les décimètres trouvés , par le rapport énoncé ci-dessus 3,14159, et faire ensuite comme les n°s 3 et 4 précédents l'indiquent.

Si un corps dont on désire connaître le volume était d'une forme irrégulière,

INSTRUCTION préliminaire sur l'usage des Tableaux de réduction.

Les tableaux des mesures ne donnent que les rapports de l'unité ancienne à l'unité nouvelle et réciproquement ; mais il ne faut posséder que les premières notions du calcul pour pouvoir résoudre tous les cas différents qui peuvent se présenter : une multiplication ou une division de fractions décimales suffira toujours. Qu'on veuille savoir, par exemple, ce que vaut en hectares un nombre quelconque de sétérées, dont la grandeur est connue ; multipliez le rapport de la sétérée à l'hectare par ce nombre, et le produit est le résultat demandé, ainsi des autres. Nous avons par-là abrégé considérablement notre livre, dans lequel nous n'avons voulu mettre que ce qui est absolument utile et nécessaire.

Quelques questions que nous allons résoudre, feront comprendre, du reste, le mécanisme de ces opérations.

Première Question.

La canne de Carcassonne d'une étoffe se vendait 3 fr. 50, que vaut le mètre de cette étoffe ?

$$3,500 \quad \left\{ \begin{array}{l} 1,785 \\ 1,96 \end{array} \right. \text{(Rapport de la canne de Carcass. au mètre.)}$$
$$17150$$
$$10850$$
$$140$$

Réponse. Le mètre vaut 1 fr. 96 c.

---

j'indique un moyen facile d'obtenir le volume. On place le corps en question dans un vase assez grand pour le contenir entièrement, on remplit d'eau bien exactement le vase dans lequel le corps a été plongé ; cela fait, on tire le corps du vase et l'on observe les litres d'eau nécessaires pour achever de remplir le vase après qu'on en a tiré le corps : ce nombre de litres exprime le volume du corps en décimètres cubes.

Deuxième Question.

A 8 fr. l'aune d'une étoffe, combien le mètre ?

$$\left\{\begin{array}{l} 1,188 \\ \overline{6,75} \end{array}\right.$$ (Rapport de l'aune au mètre.)

8.000
8720
4040
476

Réponse. Le mètre vaut 6 fr. 75 c.

Troisième Question.

A 700 fr. la sétérée de 1024 c. c. de Carcassonne, combien l'hectare ?

$$\left\{\begin{array}{l} 0,32626 \\ \overline{2145,52} \end{array}\right.$$ (Rapport de la sétérée à l'hectare.)

700.00000
47 480
14 8540
1 80360
172300
91700
26448

Réponse. L'hectare vaut 2145 fr. 52 c., et l'are vaudra 21 fr. 46 c.

Quatrième Question.

La pile de bois de 16 pans de long sur 4 de haut, se vendant 60 fr., que vaudra le stère ?

$$\left\{\begin{array}{l} 3,199 \\ \overline{18,75} \end{array}\right.$$ (Rapport de la pile au stère.)

60.000
28 010
2 4180
17870
1875

Réponse. (Le prix du stère sera 18 fr. 75 c.)

Cinquième Question.

Le vin valant 26 francs la charge de Limoux, combien vaut l'hectolitre ?

$$\left\{\begin{array}{l} 1,095 \\ \overline{23,74} \end{array}\right.$$ (Rapport de la charge à l'hectolitre.)

26.000
4 100
8150
4850
470

Réponse. L'hectolitre vaut 23 fr. 74 c.

Sixième Question.

A 18 fr. le setier de blé de Narbonne, combien l'hectolitre ?

$$\left\{\begin{array}{l} 0,71 \\ \overline{25,55} \end{array}\right.$$ (Rapport du setier à l'hectolitre.)

18.00
3 80
250
370
15

Réponse. L'hectolitre vaut 25 fr. 55 centimes.

Septième Question.

A 11 fr. 50 c. la migère d'huile de 26 livres, combien le litre ?

```
 11.500    │ 11,59  ( Rapport de la migère au litre. )
 1 0690    │ 0,99
   259
```

Réponse. Le litre vaudra 0,99 centimes ou un franc.

D'après ces exemples, il est facile de voir ce qu'il y aurait à faire pour des cas analogues. S'il fallait, au contraire, savoir le prix de l'ancienne unité, connaissant le prix de la nouvelle, au lieu de faire une division, comme dans les exemples qui précèdent, il suffirait d'une multiplication du prix de la nouvelle unité par le rapport de l'ancienne mesure à la nouvelle : ainsi,

A 25 fr. 55 c. l'hectolitre de blé, à combien revient l'ancien setier de Narbonne ?

```
   25.55
    0.71  ( Rapport du setier à l'hectolitre. )

   2555
  17745

  17,9985
```

Réponse. 17 fr. 998, ou mieux 18 fr.

Il paraît superflu de multiplier les exemples; ce que nous avons dit peut suffire.

TABLEAU des anciennes Mesures usitées avant 1840 dans le département de l'Aude, et Rapport réciproque de ces Mesures aux Nouvelles.

NOM DES ANCIENNES UNITÉS.	VALEUR en nouvelles	NOM DES NOUVELLES UNITÉS.	VALEUR en anciennes.
MESURES DE LONGUEUR.			
Toise dite du Pérou........	m. 1,94904	toises.....................	0,51507
SUBDIVISIONS DE LA TOISE.			
1|6 ou Pied..............	0,52484	pieds.....................	3,07844
1|12 de pied ou Pouce..	0,02707	pouces....................	36,94135
1|12 de pouce ou Ligne.	0,00225	lignes....................	445,29600
1|12 de ligne ou Point..	0,00019	points....................	5319,55196
Aune de Paris..............	1,18845	aunes de Paris..........	0,84145
SUBDIVISIONS DE L'AUNE. *(ne portaient pas de nom particulier).*			
1|2 aune..................	0,59422	1|2 aune.............	1,68287
1|3 d'aune...............	0,39615	1|3 d'aune.....	2,52430
1|4 d'aune...............	0,29711	1|4 d'aune.....	3,36574
1|5 d'aune...............	0,25769	1|5 d'aune	4,20717
1|8 d'aune...............	0,14856	1|8 d'aune.....	6,73148
Canne de Carcassonne.....	1,78498	cannes de Carcassonne	0,56025
1|8 de canne ou Pan....	0,22312	pans, canne *idem*.....	4,48185
Canne de Narbonne........	1,96708	cannes de Narbonne...	0,50857
1|8 de canne ou Pan....	0,24589	pans, canne de Narb...	4,06696
Canne de Montpellier......	1,98765	cannes de Montpellier.	0,50311
1|8 de canne ou Pan....	0,24846	pans, canne de Montp.	4,02484
Canne de Toulouse........	1,79609	cannes de Toulouse...	0,55676
1|8 de canne ou Pan....	0,22451	pans de Toulouse......	4,45412
1|8 de pan ou Pouce....	0,02806	pouces de Toulouse...	35,65296
Lieue de 3,000 toises en myriamètres..............	0,58471	Myriamètre en lieues de 3000 toises...............	1,71025
MESURES DE SURFACE OU AGRAIRES.			
Toise carr. en mètr. carr.	3,79874	toises carrées..........	0,265245
Pied c. ou 1|36 de toise c..	0,105520	pieds carrés............	9,476820
Pouce carré ou 1|144 de pied carré...............	0,000733	pouces carrés..........	1564,662080
Ligne carrée ou 1|144 de pouce carré...............	0,000005	lignes carrées..........	196511,55932
Canne carrée de Carcass...	3,186166	cannes carr. de Carc...	0,313857
Pan carr. ou 1|64 de cann. de Carcassonne..........	0,049784	pans carrés de Carc...	20,086840

NOTA. La canne carrée de Narbonne n'était pas usitée pour les surfaces.

NOM DES ANCIENNES UNITÉS.	VALEUR en nouvelles	NOM DES NOUVELLES UNITÉS.	VALEUR en anciennes.
Canne carrée de Montpell.	3,95077	Cann. carr. de Montp..	0,25311
Pan carré ou 1|64 de cann. carr. de Montpellier.....	0,06175	Pans carrés de Montp..	16,19956
Canne carrée de Toulouse.	5,22594	Can. car. de Toulouse.	0,50999
Pan carré ou 1|64 de can. carr. de Toulouse........	0,05041	Pans car. de Toulouse.	19,85957
SÉTÉRÉE (a)	ares		
de 704 cann. carr. Carc.	22,45061	Sétérées de 704 c. c. C.	4,45819
Boisseau.............	0,70096	Boisseaux.	142,66208
de 896 cann. carr. Carc.	28,54804	Sétérées de 896 c. c. C.	5,50287
Boisseau.............	0,89212	Boisseaux.	112,09172
de 900 can. carr. Carc...	28,67548	Sétérées de 900 c. c. C.	5,48750
Boisseau.............	0,89611	Boisseaux.	111,59560
de 928 cann, carr. Carc.	29,56762	Sétérées de 928 c. c .C.	5,38208
Boisseau.............	0,92599	Boisseaux.	108,22651
de 1024 can. carr. Carc.	52,62654	Sétérées de 1024 c. c. C.	5,06501
Boisseau.............	1,01957	Boisseaux.	98,08026
de 1060 can. carr. Carc.	55,77556	Sétérées de 1060 c. c. C.	2,96091
Boisseau.............	1,05541	Boisseaux.	94,74925
de 1105 9|16 c. c. Carc.	55,22505	Sét. de 1105 9|16 c. c. C.	2,85889
Boisseau.............	1,10078	Boisseaux.	90,84462
de 1120 can. carr. Carc.	55,68506	Sétérées de 1120 c. c. C.	2,80229
Boisseau.............	1,11517	Boisseaux..	89,67528
de 1174 can. carr. Carc.	57,40559	Sétérées de 1174 c. c. C.	2,67540
Boisseau.............	1,16892	Boisseaux.	85,54872
de 1200 can. carr. Carc.	58,25599	Sétérées de 1200 c. c. C.	2,61547
Boisseau.............	1,19481	Boisseaux.	85,69516
de 1248 can. carr. Carc.	59,76555	Sétérées de 1248 c. c. C.	2,51488
Boisseau.............	1,24260	Boisseaux.	80,47610
de 1550 can. carr. Carc.	45,01525	Sétérées de 1550 c. c. C.	2,52487
Boisseau.............	1,54416	Boisseaux.	74,59584
de 1470 can. carr. Carc.	46,85664	Sétérées de 1470 c. c. C.	2,15508
Boisseau.............	1,46564	Boisseaux.	68,52258
de 1600 can. carr. Carc.	50,97865	Sétérées de 1600 c. c. C.	1,96161
Boisseau.............	1,59508	Boisseaux.	62,77152
de 1764 can. carr. Carc.	56,20596	Sétérées de 1764 c. c. C.	1,77925
Boisseau..............	1,75657	Boisseaux.	56,93546
de 1774 can. carr. Carc.	56,52258	Sétérées de 1774 c. c. C.	1,76920
Boisseau.............	1,76655	Boisseaux. ......,.....	56,61440
de 1776 can. carr. Carc.	56,58629	Sétérées de 1776 c. c. C.	1,76721
Boisseau.....;.......	1,76852	Boisseaux.............	56,55072
de 1857 1|2 can. c. Carc.	58,54580	Sét. de 1857 1|2 c. c. C.	1,70806
Boisseau.............	1,82955	Boisseaux.......	54,65806

(Colonne 2 en-tête latéral : Mèt. car. en ; Hectare en)

(a) Les sétérées de la canne carrée de Carcassonne et celles de la canne carrée de Toulouse sont divisées en trente-deux parties appelées *boisseaux*. Les sétérées de la canne carrée de Montpellier contiennent seize parties appelées *pugnères*.

3

NOM DES ANCIENNES UNITÉS.	VALEUR en nouvelles	NOM DES NOUVELLES UNITÉS.	VALEUR en anciennes.
SÉTÉRÉES *	ares.		
de 448 can. carr. Montp.	17,69945	Sétérées de 448 c. c. M.	5,64989
pugnère	1,10622	Pugnères	90,40824
de 484 can. carr. Montp.	19,12175	Sétérées de 484 c. c. M.	5,22965
pugnère	1,19511	Pugnères	83,67440
de 488 can. carr. Montp.	19,27976	Sétérées de 448 c. c. M.	5,18679
pugnère	1,20498	Pugnères	82,98864
de 512 c. c. de Montp.	20,22794	Sétérées de 512 c. c. M.	4,94566
pugnère	1,26425	Pugnères	79,09856
de 544 c. c. de Montp.	21,49219	Sétérées de 544 c. c. M.	4,65285
pugnère	1,54526	Pugnères	74,44564
de 562 c. c. de Montp.	22,20335	Sétérées de 562 c. c. M.	4,50383
pugnère	1,38896	Pugnères	72,06126
de 564 c. c. de Montp.	22,28234	Sétérées de 564 c. c. M.	4,48786
pugnère	1,39265	Pugnères	71,80574
de 576 c. c. de Montp.	22,75645	Sétérées de 576 c. c. M.	4,39436
pugnère	1,42227	Pugnères	70,30976
de 600 c. c. de Montpellier,	23,70462	Sétérées de 600 c. c. M.	4,21859
Pugnère	1,48154	Pugnères	67,49744
de 610 c. c. de Montpellier,	24,09970	Sétérées de 610 c. c. M.	4,14943
Pugnère	1,50623	Pugnères	66,39088
de 624 c. c. de Montpellier,	24,65280	Sétérées de 624 c. c. M.	4,05655
Pugnère	1,54080	Pugnères	64,90128
de 625 c. c. de Montpellier,	24,69251	Sétérées de 625 c. c. M.	4,04984
Pugnère	1,54527	Pugnères	64,79749
de 630 c. c. de Montpellier,	25,68000	Sétérées de 630 c. c. M.	3,89408
Pugnère	1,60500	Pugnères	62,30529
de 660 c. c. de Montpellier,	26,07508	Sétérées de 660 c. c. M.	3,83508
Pugnère	1,62969	Pugnères	61,36126
de 666 c. c. de Montpellier,	26,31213	Sétérées de 666 c. c. M.	3,80055
Pugnère	1,64451	Pugnères	60,80846
de 720 c. c. de Montpellier,	28,44554	Sétérées de 720 c. c. M.	3,51549
Pugnère	1,77785	Pugnères	56,24782
de 768 c. c. de Montpellier,	30,34191	Sétérées de 768 c. c. M.	3,29577
Pugnère	1,89637	Pugnères	52,73235

(Colonne centrale : HECTARE EN)

(*) Les sétérées de la can. de Montpellier étaient div. en 4 quarterées cont. 4 pugnères.

NOM DES ANCIENNES UNITÉS.	VALEUR en nouvelles	NOM DES NOUVELLES UNITÉS.	VALEUR en anciennes.
SÉTÉRÉE			
de 784 c. c. de Montpellier., , , , , , , , ,	30,97403	Sétérées de 784 c. M.	3,22851
Pugnère	1,93588	Pugnères. , ...	51,63617
de 800 c. c. de Montpellier, , , , , , , , , ,	31,60616	Sétérées de 800 c. M.	3,16394
Pugnère	1,97558	Pugnères, , , , , , , ,	50,62505
de 864 c. c. de Montpellier, , , , , , , , ,	34,13465	Sétérées de 864 c. c. M.	2,92957
Pugnère	2,13341	Pugnères, , , , , , , ,	46,87318
de 900 c. c. de Montpellier, , , , , , , , ,	35,55693	Sétérées de 900 c. c. M.	2,81239
Pugnère	2,22231	Pugnères, , , , . , , ,	44,99825
de 928 c. c. de Montp.	36,66514	Sétérées de 928 c. c. M.	2,72755
Pugnère	2,29145	Pugnères, , , , , , , ,	43,64055
de 940 c. c. de Montp.	37,13725	Sétérées de 940 c. c. M.	2,69272
Pugnère	2,32108	Pugnères , , , , , , ,	43,08344
de 1024 c. c. de Montp.	40,45589	Sétérées de 1024 c. c. M.	2,47183
Pugnère	2,52849	Pugnères , , , , , , ,	39,54925
de 1856 c. c. de Toulouse	59,22826	Sétér. de 1856 c. c. T...	1,68859
Boisseau	1,85088	Boisseaux.	54,02842
de 1857 1[2 c. c. de Toul.	59,27754	Sét. de 1857 1[2 c. c. T.	1,68698
Boisseau	1,85241	Boisseaux.	55,98552
Arpent de Paris.	51,02200	Arpents . . . . , ...	1,95994

HECTARE EN (vertical label between columns)

MESURES DE CAPACITÉ.
§ 1.er — GRAINS.

SETIER			
de Carcassonne en hect.	0,85615	Setiers de Carcassonne	1,16805
quartière div.[en 8 boiss.	0,21404	Quartières.	4,67211
boisseau ou coup.	0,02675	Boisseaux.	37,37687
de Carc. pour l'avoine,			
en hectolitres.	1,09598	Setiers pour avoine....	0,91242
quartière	0,27399	Quartières	3,64969
boisseau	0,03425	Boisseaux.	29,19752
de Castelnaudary pour			
blé, en hectolitres...	0,60400	Set. de Casteln. p.r blé..	1,65564
quartière	0,15100	Quartières	6,62255
boisseau	0,01887	Boisseaux.	52,98040
de Casteln. p.r les autres			
grains, en hectol.	0,75505	Set. de C. p. les autres g.	1,52442
quartière	0,18876	Quartières.	5,29769
boisseau	0,02359	Boisseaux.	42,58155
de Limoux, en hectol.	0,76475	Setiers de Limoux	1,50764
quartière	0,19149	Quartières.	5,25045
boisseau	0,02390	Boisseaux.	41,84545
de Narbonne, en hectol. . .	0,71050	Setiers de Narbonne . . .	1,40746
quartière	0,17762	Quartières.	5,62982
pugnère.	0,04440	Pugnères . . . . , ...	22,51953

HECTOLITRE EN (vertical label between columns)

NOM DES ANCIENNES UNITÉS.	VALEUR en nouvelles	NOM DES NOUVELLES UNITÉS.	VALEUR en anciennes.
Muid de Narbonne , en hect. (*Voir 2me note*)....	5,68988	Muids de Narbonne.....	0,27101
'18 de muid ou Pagelle , en hectolitres............	0,46124	Pagelles..	2,16808
'152 de pagelle ou Pot ou Quarton, en litres.......	1,44158	Pots ou Quartons. . .	69,57856
'148 de muid ou Velte , en litres.................	7,68725	Veltes.	13,00848
Muid de Narbonne pesant 1440 livres , en hectol.	5,90985	Muids de 1440 livres...	0,16921
'14 ou charge, en hectol..	1,47746	Charges.	0,67685
'12 charge ou Pagelle , en litres,............	75,87300	Pagelles.	1,55567
'156 de pagelle ou Pot ou Quarton, en litres.......	2,05203	Pots ou Quartons.......	48,95212
'180 de muid ou Velte, en litres............	7,58729	Veltes.	13,55682
Charge de Lagrasse , en hectolitres.............	1,34597	Charges de Lagrasse...	0,74296
'164 de charge ou Pot, en litres........ ....,.	2,10308	Pots ou Quartons...,...	47,54944
Charge de Fanjeaux , en hectolitres............	1,39880	Charges de Fanjeaux..	0,71490
'148 de charge ou Pot , en litres...........	2,91417	Pots ou Quartons.......	34,31310
Charge de Quillan , en hect.	1,11758	Charges de Quillan.....	0,89479
'148 de charge ou Pot, en litres	2,52829	Pots ou Quartons.......	42,94992

NOTA. Il existait dans le département d'autres charges qui n'avaient pas de nom particulier, distinguées seulement entre elles par leur poids. On les trouvera dans les tableaux des communes avec leurs subdivisions indiquées.

POUR L'HUILE.

MESURE OU MIGÈRE d'une livre poids de table en litres................,...	0,44567	Litre en livres poids de t..	2,24581
de 9 livres , en litres.	4,01105	Mesures de 9 livres....	24,93125
de 15 livres..............	6,68505	— de 15 livres...	14,95800
de 15 livres '12...........	6,90988	— de 15 liv. '12.	14,48650
de 16 livres..............	7,13072	— de 16 livres...	14,02500
de 16 livres '12...........	7,55555	— de 16 liv. '12.	13,59740
de 17 livres..............	7,57659	— de 17 livres...	13,19784
de 18 livres..............	8,02206	— de 18 livres...	12,46504
de 20 livres..............	8,91339	— de 20 livres...	11,21907
de 22 livres..............	9,80474	— de 22 livres...	10,19878
de 26 livres,.............	11,58742	— de 26 livres...	8,65000
de 52 livres.................	14,26144	— de 52 livres...	7,01180

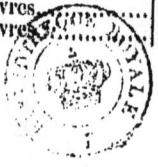

NOM DES ANCIENNES UNITÉS.	VALEUR en nouvelles	NOM DES NOUVELLES UNITÉS.	VALEUR en anciennes.
Charge de 16 mesures de 26 livres..................	185,5980	Hectolit. en charg. de 16 mesures de 26 livres....	0,55933
Quintal d'huile p. de tab..	44,5669	— en quintaux p. de tab..	2,24581

POUR L'EAU-DE-VIE.

Mesure à la liv. p. de tab.	0^l.43491	Litre en livres............	2,29935
Quint. de 100 liv. p. de tab.	0^h.43491	Hectolitre en quintaux....	2,29935

MESURES DE SOLIDITÉ.

Toise cube en Mèt. cubes.	7,40589	Mètre cube en Toises cub.	0,135061
SUBD.^{ns} DE LA TOISE CUBE.			
¹|216 de t. cub. ou Pied cube, en décim. cubes.	34,27727	— en Pieds cub...	29,17586
¹|1728 de pied ou Pouce cube, en centim. cubes.	19,83658	— en Pouces cub..	50412,24301
PILE			
de 5 p. de l., 5 p. de h., 5 p. de l.(cann. de Carc.)	st. 1,58828	Piles de 5 pans de long.	0,72032
de 9 pans de long sur 4 ¹|2 de h. (¹)...........	2,02420	— de 9 pans sur 4 ¹|2.	0,49402
de 9 p. de long, 4 ¹|2 de haut, 5 ¹|2 de large....	2,47420	— de 9 pans 5 ¹|2 h..	0,40417
de 8 p. de long sur 8 p. de haut..................	3,19908	— de 8 pans sur 8 . .	0,31261
de 16 p. de long sur 4 de haut..................	3,19908	— de 16 pans sur 4..	0,31261
de 9 p. de long sur 9 p. de haut..................	4,04840	— de 9 sur 9.........	0,24701
de 18 p. de l. sur 4 ¹|2 de haut..................	4,04840	— de 18 pans sur 4 ¹|2	0,24701
de 24 p. de long sur 4 de haut..................	4,79855	— de 24 pans sur 4..	0,20859
de 12 p. de long sur 8 de haut..................	4,79855	— de 12 pans sur 8..	0,20859
de 12 p. de long sur 9 de haut..................	5,39815	— de 12 pans sur 9..	0,18525
de 22 p. de long sur 5 de haut..................	5,49804	— de 22 pans sur 5..	0,18188
de 27 p. de l. sur 4 ¹|2 de haut..................	6,07260	— de 27 pans sur 4 ¹|2.	0,16467
de 20 p. de long, 5 de haut, 5 ¹|2 de large,..	6,10958	— de 20 p. sur 5 ¹|2..	0,16368
Charge de mulet du poids de 220 livres environ...	kil. 89,00000	Quint. de 100 k. en Ch. 220.	1,12559
Quintal poids de table.....	40,79215	Quint. de 100 k. en q.p.de t.	2,45145

(colonne centrale : STÈRE EN)

1 Quand la pile n'a que 2 dimensions indiquées, les bûches sont supposées de 4 pans et demi de long.

NOM DES ANCIENNES UNITÉS.	VALEUR en nouvelles	NOM DES NOUVELLES UNITÉS.	VALEUR en anciennes.

POIDS.

	kil.		
Livre poids de marc........	0,489506	Livres poids de marc..	2,042877
SUBDIVISIONS.			
1|2 livre ou Marc..........	0,244755	Marcs..................	4,085755
1|8 de marc ou Once.....	0,050594	Onces.................	52,686024
1|8 d'once ou Gros........	0,003824	Gros..................	261,488192
1|72 de gros ou Grain....	0,000055	Grains...............	18827,150000
Livre poids de table........	0,40792	Livres poids de table....	2,45145
SUBDIVISIONS.			
1|16 de livre ou Once.,..	0,02549	Onces.................	59,22524
1|8 d'once ou Gros........	0,00519	Gros..................	515,78569
1|72 de gros ou Grain....	0,00004	Grains...............	22592,56520

MONNAIES.

Livre tournois..............	0,98765	Franc en Livres tournois..	1,0125
1|20 de livre ou Sou.......	0,04938	— en Sous.............	20,2500
1|12 de sou ou Denier.....	0,00412	— en Deniers...........	245,0000

(KILOGRAMME EN, écrit verticalement entre les deux colonnes centrales)

TABLEAU des Cantons du Département de l'Aude.

(*A.*) — CARCASSONNE.	*a* — Alzonne. *b* — Capendu. *c* — Carcassonne (*Est*). *d* — Carcassonne (*Ouest*). *e* — Conques. *f* — Lagrasse. *g* — Mas-Cabardés. *h* — Montréal. *i* — Mouthoumet. *j* — Peyriac-Minervois. *k* — Saissac. *l* — Tuchan.
(*B.*) — CASTELNAUDARY. . . .	*a* — Belpech. *b* — Castelnaudary (*Nord*). *c* — Castelnaudary (*Sud*). *d* — Fanjeaux. *e* — Salles-sur-l'Hers.
(*C.*) — LIMOUX.	*a* — Alaigne. *b* — Belcaire. *c* — Chalabre. *d* — Couiza. *e* — Limoux. *f* — Quillan. *g* — Roquefort-de-Sault. *h* — St.-Hilaire.
(*D.*) — NARBONNE.	*a* — Coursan. *b* — Durban. *c* — Ginestas. *d* — Lézignan. *e* — Narbonne. *f* — Sigean.

NOTA. Les 2 lettres qui sont placées après chaque commune dans les tableaux suivants, renvoient à la présente page. La première de ces lettres, imprimée en majuscule, indique l'arrondissement; la seconde, en minuscule, indique le canton auquel appartient la commune; par exemple, à l'article Maithac, le *D* signifie que cette commune fait partie de l'arrondissement de Narbonne et la lettre *c*, qu'elle est comprise dans le canton de Ginestas.

TABLEAUX

DES

COMMUNES DU DÉPARTEMENT DE L'AUDE

AVEC LES

MESURES PARTICULIÈRES

ANCIENNEMENT USITÉES DANS CHACUNE D'ELLES.

———————

4

MESURES

NOM DES COMMUNES.	DE LONGUEUR.		AGRAIRES.		DE CAPACITÉ pour les grains.	
	anciennes.	nouv.	anciennes.	nouv.	anciennes.	nouv.
	CANNE DE	mètres.	SEtérée de	ares.	SETIER DE	hectolit. litres.
Aigues-Vives. A j. .	Carcass.	1,785	1024 c. c. C.	52,65	Carcass.	0,86
Airoux. B b. . . .	Toulouse.	1,796	1857 1/2 c. c. T.	50,28	Casteln.	0,60
Ajac. C c	Carcass.	1,785	1024 c. c. C.	52,65	Limoux.	0,76
Aigne. C a. . . .	Carcass.	1,785	1024 c. c. C.	52,65		
Alairac. A h. . . .	Carcass.	1,785	1600 c. c. C.	50,98	Limoux.	0,76
Albas. D b.	Carcass.	1,785	1024 c. c. C.	52,65	Carcass.	0,86
Albières. A i. . .	Montp.	1,988	1024 c. c. M.	40,46	Narbonne	0,71
Alet. C e.	Carcass.	1,785	1024 c. c. C.	52,65	Carcass.	0,86
Alzonne. A a. . .	Carcass.	1,785	1024 c. c. C.	52,65	Limoux.	0,76
Antugnac. C d.. .	Carcass.	1,785	1024 c. c. C.	52,65	Carcass.	0,86
Aragon. A a . . .	Carcass.	1,785	1024 c. c. C.	52,65	Carcass.	0,86
Argeliers. D c. .	Montp.	1,988	448 c. c. M.	17,70	Narbonne	0,71
Argens. D c. . . .	Montp.	1,988	666 c. c. M.	26,31	Narbonne	0,71
Armissan. D a. .	Narbonne	1,967	488 c. c. M.	19,28	Narbonne	0,71
Arques. C d. . .	Carcass.	1,785	1024 c. c. C.	52,65	Carcass.	0,86
Arquettes. A f..	Montp.	1,988	1024 c. c. M.	40,46	Carcass.	0,86
Arzugues. C g..	Carcass.	1,785	900 c. c. C.	28,06	Carcass.	0,86
Arzens et Corneille. A h.	Carcass.	1,785	1024 c. c. C.	52,65	Carcass.	0,86
Assat. C b. . . .	Montp.	1,988	1024 c. c. M.	40,46	Limoux.	0,76
Auriac. A i. . . .	Narbonne	1,967	1024 c. c. M.	40,46	Carcass.	0,86
Axat. C g. . . .	Carcass.	1,785	1060 c. c. C.	55,77	Carcass.	0,86
Azille. A j. . . .	Montp.	1,988	625 c. c. M.	24,69	Narbonne	0,71
Badens. A b. . .	Carcass.	1,785	1024 c. c. C.	52,65	Carcass.	0,86
Bages. D c. . . .	Narbonne	1,967	488 c. c. M.	19,28	Narbonne	0,71
Bagnoles. A c. .	Carcass.	1,785	1024 c. c. C.	52,65	Carcass.	0,86
Baraigne. B e. .	Carcass.	1,785	1857 1/2 c. c. C.	58,55	Toulouse	0,95
Barbaira. A b. .	Carcass.	1,785	1024 c. c. C.	52,65	Carcass.	0,85
Belcaire. C b. .	Carcass.	1,785	1024 c. c. C.	52,65	Limoux.	0,76
Belcastel et le Bue. C h.	Carcass.	1,785	1024 c. c. C.	52,65	Limoux.	0,76
Beufou. B c. . .	Toulouse.	1,796	1857 1/2 c. c. T.	59,28	Toulouse	0,95
Belflort. C b. .	Carcass.	1,785	1024 c. c. C.	52,65	Limoux.	0,76
Bellegarde. C a. .	Carcass.	1,785	1024 c. c. C.	52,65	Limoux.	0,76
Belpech. B a. . .	Carcass.	1,785	1776 c. c. C.	56,99	Revel.	1,05

MESURES

DE CAPACITÉ pour le vin.		DE CAPACITÉ pour l'huile.		DE SOLIDITÉ pour le bois de chauffage.	
anciennes.	nouv.	anciennes.	nouv.	anciennes.	nouv.
CHARGE DE	hectolit. litres.	MESURE DE	litres.	anciennes.	
Carcassonne.	1,40	livre.	0,45	Quintal poids de table.	40 k., 79
550 livres.	1,44	livre.	0,45	Pile de 18 p. de l. sur 4 1/2 h.	4 st., 08
Limoux.	1,15	livre.	0,45	Pile de 9 pans sur 4 1/2.	2 , 02
Limoux.	1,10	livre.	0,45	Pile de 18 pans sur 4.	5 , 20
Carcassonne.	1,40	livre.	0,45	Pile de 18 pans sur 4 1/2.	4 , 03
500 livres.	1,25	livre.	0,45	Charge de mulet pes. 220 livr.	89 k.
500 livres.	1,25	livre.	0,45	Charge de mulet pes. 220 livr.	89
Limoux.	1,10	livre.	0,45	Pile de 12 pans sur 8.	5 , 20
Carcassonne.	1,40	16 livres.	7,15	Pile de 16 pans sur 4.	5 , 20
160 livres.	0,66	livre.	0,45	Pile de 8 pans sur 8.	5 , 20
Carcassonne.	1,40	livre.	0,45	Pile de 16 pans sur 4.	5 , 20
Muid de 1440liv. div. en 80 velt.	3,91	26 livres.	11,59	Quintal poids de table.	40 k., 79
Charge de 500 l.	1,68	Ch. de 16 m. de 26 liv.	185,46	Pile de 16 m.	40 , 79
Muid de Narb.	5,60	Mes. de 26 l.	11,59	Quintal poids de table.	40 , 79
Ch. de Limoux.	1,10	livre.	0,45	Quintal poids de table.	4 st., 06
500 livres.	1,25	livre.	0,45	Quintal poids de table.	40 k., 79
500 livres.	1,25	livre.	0,45	Quintal poids de table.	40 , 79
Carcassonne.	1,40	livre.	0,45	Pile de 16 pans sur 4.	5 st., 20
500 l. div. en 12 migères.	1,25	livre.	0,45	Pile de 16 pans sur 4.	5 , 20
500 livres.	1,25	livre.	0,45	Quintal poids de table.	40 k., 79
580 livres.	1,44	livre.	0,45	Pile de 12 pans sur 8.	4 st., 80
560 l. div. en 18 velts.	1,48	18 livres.	8,02	Quintal poids de table.	40 k., 79
Carcassonne.	1,40	livre.	0,45	"	"
Muid de Narb.	5,60	26 livres.	11,59	Quintal poids de table.	40 k., 79
Charge de Carc.	1,40	livre.	0,45	Pile de 16 pans sur 4.	5 st., 20
Chaury , 42 p.	1,21	livre.	0,45	Pile de 18 pans sur 4 1/2.	4 , 03
540 l. div. en 18 velles.	1,40	livre.	0,45	Quintal poids de table.	40 k., 79
290 livres.	1,19	livre.	0,45	À l'estime.	"
556 livres.	1,38	livre.	0,45	Pile de 18 pans sur 4 1/2.	4 st., 08
244 l. div. en 15 velles.	1,00	livre.	0,45	Pile de 9 pans sur 5 1/2.	2 , 48
500 livres.	1,25	livre.	0,45	Pile de 16 pans sur 4.	5 , 20
Limoux.	1,10	livre.	0,45	Pile de 18 pans sur 4 1/2.	4 , 03
288 l. div. en 72 justes.	1,17	livre.	0,45	Pile de 8 pans sur 8.	5 , 20

MESURES (p. 28)

NOM DES COMMUNES.	DE LONGUEUR. anciennes. CANNE DE	nouv. mètres	AGRAIRES. anciennes. Sétérée de	nouv. ares	DE CAPACITÉ pour les grains. anciennes. Setier de	nouv. hectolitre litres
Belvèze. C a....	Carcass.	1,785	1024 c. c. C.	52,65	Limoux..	0,76
Belvianes et Cavirac.						
C f..	Carcass.	1,785	1600 c. c. C.	50,06	Carcass.	0,86
Belvis. C b...	Carcass.	1,785	1024 c. c. C.	52,65	Limoux..	0,76
Berriac. A e...	Carcass.	1,785	1024 c. c. C.	52,65	Carcass.	0,86
Bessède - de - Sault.						
C g..	Carcass.	1,785	1024 c. c. C.	52,65	Limoux..	0,76
Bizanel. D e...	Narbonne	1,967	624 c. c. M.	27,05	Narbonne	0,71
Bize. D c....	Narbonne	1,967	562 c. c. M.	22,30	Narbonne	0,71
Blomac. A j..	Carcass.	1,785	1024 c. c. C.	52,65	Carcass.	0,86
Bouilhonac. A b.	Carcass.	1,785	1024 c. c. C.	52,65	Carcass.	0,86
Bouisse. A i...	Carcass.	1,785	1024 c. c. C.	52,65	Carcass.	0,86
Bouriège. C e..	Carcass.	1,785	1024 c. c. C.	52,65	Limoux..	0,76
Bourigeole. C a..	Carcass.	1,785	1024 c. c. C.	52,65	Limoux..	0,76
Boutenac. D d...	Narbonne	1,967	768 c. c. M.	30,34	Narbonne	0,71
Bram. B d....	Carcass.	1,785	1024 c. c. C.	52,65	Carcass.	0,80
Bronac. C f...	Carcass.	1,785	1600 c. c. C.	50,08	Tonlouse	0,95
Brezilhac. C a.	Carcass.	1,785	1024 c. c. C.	52,65	Limoux.	0,76
Brousses A k..	Carcass.	1,785	1024 c. c. C.	52,65	Carcass.	0,86
(Brousses) Villarot.						
A k...	Carcass.	1,785	1200 c. c. C.	58,25	Carcass.	0,80
Brugairolles. C a..	Carcass.	1,785	1024 c. c. C.	52,65	Limoux..	0,76
Bugarach. C d...	Carcass.	1,785	1024 c. c. C.	52,65	Carcass.	0,80
Cabrespine. A j.	Montp.	1,988	1024 c. c. M.	40,46	Carcass.	0,86
Cahuzac. B a...	Toulouse	1,796	1887 1/2 c. c. T.	99,28	Casich.	0,60
Caillau. C a...	Carcass.	1,785	1024 c. c. C.	52,65	Limoux.	0,76
Caillavel. C a..	Carcass.	1,785	1024 c. c. C.	52,65	Limoux.	0,76
Cailla. C p...	Carcass.	1,785	1024 c. c. C.	52,65	Limoux.	0,76
Cambieure. C a..	Carcass.	1,785	1024 c. c. C.	52,65	Limoux.	0,76
Campagna-de-Sault.						
C b..	Carcass.	1,785	1024 c. c. C.	52,65	Limoux.	0,76
Campagne-sur-Aude						
C f..	Carcass.	1,785	1024 c. c. C.	52,65	Limoux.	0,76
Camplong. D d..	Montp.	1,988	625 c. c. M.	24,60	Narbonne	0,71
Camps. C d...	Carcass.	1,785	1024 c. c. C.	52,65	Carcass	0,80
Camurac. C b..	Carcass.	1,785	1024 c. c. C.	52,65	Limoux.	0,76
Canet. D c....	Montp.	1,988	570 c. c. M.	22,70	Narbonne	0,71
Capendu. A b...	Carcass.	1,785	1024 c. c. C.	52,65	Carcass	0,86

MESURES (p. 29)

DE CAPACITÉ pour le vin. anciennes. CHARGE DE	nouv. litres	DE CAPACITÉ pour l'huile. anciennes. MESURE DE	nouv. litres	DE SOLIDITÉ pour le bois de chauffage. anciennes.	nouv.
Limoux.	1,10	livre.	0,45	Pile de 18 pans sur 4 1/2.	4 st., 05
500 livres.	1,25	livre.	0,45	Pile de 27 pans sur 4 1/2.	6 , 07
288 livres.	1,17	livre.	0,45	Pile de 27 pans sur 4 1/2.	6 , 07
Carcassonne.	1,40	livre.	0,45	Pile de 16 pans sur 4.	5 , 20
330 livres.	1,51	livre.	0,45	"	"
Muid de 1440 l.	5,91	26 livres.	11,50	Quintal poids de table.	40 k., 79
1440 livres.	5,91	52 livres.	18,26	Quintal poids de table.	40 , 79
Charge de 340 l.	1,40	livre.	0,45	Quintal poids de table.	40 , 79
550 livres.	1,44	livre.	0,45	Quintal poids de table.	40 , 79
300 livres.	1,25	livre.	0,45	Quintal poids de table.	40 , 79
Limoux.	1,10	livre.	0,45	Pile de 12 pans sur 8.	4 st., 80
Limoux.	1,10	livre.	0,45	Pile de 18 pans sur 4 1/2.	4 , 05
560 l. div. en 20 velles.	1,48	26 livres.	11,50	Quintal poids de table.	40 k., 79
Carcassonne.	1,40	livre.	0,45	Pile de 16 pans sur 4.	40 k., 79
200 livres.	1,10	livre.	0,45	Pile de 16 pans sur 4.	5 , 07
Limoux.	1,10	livre.	0,45	Pile de 6 pans sur 4.	5 , 20
Carcassonne.	1,40	livre.	0,45	Pile de 16 pans sur 4.	5 , 20
Carcassonne.	1,40	livre.	0,45	Pile de 16 pans sur 4.	5 , 20
Limoux.	1,10	livre.	0,45	Pile de 18 p. sur 4 1/2 de haut.	5 , 20
500 livres.	1,25	livre.	0,45	Charge de mulet pesant 220 l.	89 k. »
556 livres.	1,58	livre.	0,45	Quintal poids de table.	40 , 79
Chaury de 42 pots.					
Limoux.	1,24	livre.	0,45	Pile de 18 pans sur 4 1/2.	4 st., 05
Limoux.	1,10	livre.	0,45	Pile de 16 pans sur 4.	5 , 20
288 l. div. en 12 migeros.	1,17	livre.	0,45	Pile de 9 pans sur 4 1/2.	2 , 09
Limoux.	1,10	livre.	0,45	Pile de 16 pans sur 4.	5 , 20
500 livres.	1,25	livre.	0,45	Pile de 27 pans sur 4 1/2.	6 , 07
270 livres.	1,41	livre.	0,45	Pile de 12 pans sur 6.	4 , 80
340 livres.	1,40	18 livres.	8,06	Quintal poids de table.	40 k., 79
Limoux.	1,10	livre.	0,45	Pile de 16 pans sur 4.	5 , 20
Limoux.	1,10	livre.	0,45	Quintal poids de table.	40 , 79
560 l. div. en 20 velles.	1,48	26 livres.	11,50	Quintal poids de table.	40 k., 79
340 l. div. en 18 velles.	1,40	livre.	0,45	Quintal poids de table.	40 , 79

MESURES

NOM DES COMMUNES.	DE LONGUEUR. CANNE DE	millim. vellts.	AGRAIRES. SÉTÉRÉ DE	ares centiar.	DE CAPACITÉ pour les grains. SETIER DE	hectolit. litres
Carcassonne. A (c d).	Carcass.	1,785	1024 c. c. C.	52,65	Carcass.	0,86
Cariipa. B b.	Carcass.	1,785	1024 c. c. C.	52,65	Carcass.	0,86
Cascasiol et Ville-neuve. D b.	Montp.	1,988	800 c. c. M.	51,01	Carcass. / Limoux.	0,86 / 0,76
Cassaignes. C d.	Carcass.	1,785	1024 c. c. C.	52,65	Limoux.	0,76
Castans. A j.	Montp.	1,988	1024 c. c. M.	40,96	Carcass.	0,86
Castelnaudary. B (b d)	Carcass.	1,785	1106 9/16 c. c. C	55,25	Casteln.	0,60
Costelnau-d'Aude. D d.	Montp.	1,988	512 c. c. M.	20,25	Narbonne	0,71
Castelreng. C c.	Carcass.	1,785	1024 c. c. C.	52,65	Limoux.	0,70
Caudebronde. A g.	Carcass.	1,785	1024 c. c. C.	52,65	Carcass.	0,86
Gaudeval. C c.	Carcass.	1,785	1857 1/2 c. c. C.	58,55	Chalabre.	1,02
Caunes. A j.	Montp.	1,988	625 c. c. M.	24,60	Narbon. / Carcass.	0,71 / 0,86
Caunettes-en-Val. A f.	Carcass.	1,785	806 c. c. C.	26,35	Lagrasse.	0,76
Caux et Sauzens. A a.	Carcass.	1,785	1024 c. c. C.	52,65	Carcass.	0,86
Cavanac. A c.	Carcass.	1,785	1024 c. c. C.	52,65	Carcass.	0,86
Cazalrenoux. B d.	Carcass.	1,785	1024 c. c. C.	52,65	Casteln.	0,60
Cazilhac. A c.	Carcass.	1,785	1024 c. c. C.	52,65	Carcass.	0,86
Cenne-Monestiés. B b.	Carcass.	1,785	1024 c. c. C.	52,65	Carcass.	0,86
Cépie. C e.	Carcass.	1,785	1024 c. c. C.	52,65	Limoux.	0,76
Chalabre. C c.	Carcass.	1,785	1600 c. c. C.	30,96	Chalabre.	1,02
Citou. A j.	Carc. / Montp.	1,785 / 1,988	1044 c. c. C.	52,65	Minervois.	0,65
Clermont. C h.	Carcass.	1,785	1024 c. c. C.	52,65	Carcass.	0,86
Comigna. A b.	Carcass.	1,785	1024 c. c. C.	52,65	Carcass.	0,86
Comus. C b.	Carcass.	1,785	1024 c. c. C.	52,65	Limoux.	0,70
Conilhac-la-Monta-gne. C d.	Carcass.	1,785	1024 c. c. C.	52,65	Limoux.	0,70
Conilhac-plat-pays. D d.	Montp.	1,988	544 c. c. M.	21,49	Narbonne	0,71
Conques. A c.	Carcass.	1,785	1024 c. c. C.	52,65	Carcass.	0,86
Cornanel. A g.	Carcass.	1,785	1024 c. c. C.	52,65	Limoux.	0,76
Coudons. C f.	Carcass.	1,785	1280 c. c. C.	40,78	Carcass.	0,86
Couffoulens. A c.	Carcass.	1,785	1024 c. c. C.	52,65	Limoux.	0,76
Couiza. C d.	Carcass.	1,785	1024 c. c. C.	52,65	Carcass.	0,86
Counozouls. C g.	Carcass.	1,785	1024 c. c. C.	52,65	Carcass.	0,86
Courbières. C c.	Carcass.	1,785	1857 1/2 c. c. C.	58,55	Chalabre.	1,02
Coursan. D a.	Narb.	1,907	488 c. c. M.	19,28	Narbonne	0,71

MESURES

DE CAPACITÉ pour le vin. CHARGE DE	hectol. litres	DE CAPACITÉ pour l'huile. MESURE DE	litres	DE SOLIDITÉ pour le bois de chauffage. anciennes	NOUV.
Carcassonne.	1,40	16 livres.	7,13	Pile de 16 pans sur 4.	5 st. 20
Castelnaudary	1,59	livre.	0,45	Pile de 18 pans sur 4.	5, 20
500 livres.	1,25	livre.	0,45	Charge de mulet pesant 220 l.	89 k. 00
Limoux.	1,10	livre.	0,45	Pile de 12 pans sur 8.	4 st. 80
586 livres.	1,58	livre.	0,45	Quintal poids de table.	40 k. 79
Castelnaudary	1,59	livre.	0,45	Pile de 18 pans sur 4 1/2.	4, 06
500 livres div. en 20 veltes.	1,48	16 livres.	7,13	Pile de 12 pans sur 8.	40, 79
Limoux.	1,10	22 livres.	9,80	Pile de 12 pans sur 8.	4 st. 80
Carcassonne.	1,40	livre.	0,45	Pile de 18 pans sur 4 1/2.	4, 06
275 livres.	1,15	livre.	0,45	Quintal poids de table.	40 k. 79
520 livres.	1,31	15 livres.	6,69	Quintal poids de table.	40, 79
Lagrasse.	1,35	livre.	0,45	Charge de mulet pesant 220 l.	89, 00
Carcassonne.	1,40	livre.	0,45	Pile de 16 pans sur 4.	5 st. 20
Carcassonne.	1,40	livre.	0,45	Pile de 16 pans sur 4.	5, 20
Castelnaudary	1,59	livre.	0,45	Pile de 18 pans sur 4 1/2.	5, 20
Carcassonne.	1,40	livre.	0,45	Pile de 18 pans sur 4.	5, 20
Casteln. cont. 18 veltes.	1,59	livre.	0,45	Pile de 18 pans sur 4 1/2.	4, 06
				Pile de 16 pans sur 4.	4, 06
Limoux.	1,10	livre.	0,45	Pile de 16 pans sur 4.	5, 20
275 livres.	1,15	liv.p.de t.	0,45	Pile de 9 p. de l. sur 9 de h.	4, 05
500 livres.	1,25	livre.	0,45	Quintal poids de table.	40 k. 79
500 livres.	1,25	livre.	0,45	Pile de 18 pans sur 4.	4 st. 05
540 livres div. en 18 veltes.	1,40	livre.	0,45	Quintal poids de table.	40, 79
290 livres.	1,19	livre.	0,45	Quintal poids de table.	40, 79
270 livres.	1,11	livre.	0,45	Pile de 12 pans sur 8.	4 st. 80
560 livres.	1,46	26 livres.	11,50	Quintal poids de table.	40 k. 79
Carcassonne.	1,40	livre.	0,45	Pile de 18 pans sur 4 1/2.	4, 05
500 livres.	1,25	livre.	0,45	Pile de 18 pans sur 4 1/2.	4, 06
500 livres.	1,25	livre.	0,45	Pile de 27 pans sur 4.	6, 07
556 livres.	1,58	16 livres.	7,13	Pile de 16 pans sur 4.	5, 20
270 livres.	1,11	livre.	0,45	Pile de 12 pans sur 8.	4, 80
500 livres.	1,25	livre.	0,45	»	»
275 livres.	1,15	livre.	0,45	A l'estime.	»
Muid de 1440 livr. cont. 80 veltes.	5,94	26 livres.	11,50	Quintal poids de table.	40 k. 79

MESURES (pages 32–33)

NOM DES COMMUNES	DE LONGUEUR (CANNE DE) anc.	nouv.	AGRAIRES (SÉTÉRÉE DE) anc.	nouv. (ares)	DE CAPACITÉ pour les grains (SETIER DE) anc.	nouv. (hect. litres)	DE CAPACITÉ pour le vin (CHARGE DE) anc.	nouv.	DE CAPACITÉ pour l'huile (MESURE DE) anc.	nouv.	DE SOLIDITÉ pour le bois de chauffage anc.	nouv.
Courtauly. C c...	Carcass.	1,785	1600 c.c. C	50,98	Chalabre.	1,02	275 livres.	1,15	livre.	0,45	Quintal poids de table.	40 k., 79
Coustaussa. C d..	Carcass.	1,785	1024 c.c. C	32,65	Limoux.	0,76	Limoux.	1,10	livre.	0,45	Pile de 12 pans sur 8.	4 st., 80
Coustouge. D b..	Narbonne	1,967	800 c.c. M	31,61	Narbonne	0,71	500 livres.	1,25	livre.	0,45	Charge de mulet pesant 220 l.	89 k. »
Cruscades. D d..	Narbonne	1,967	576 c.c. M	22,76	Narbonne	0,71	560 liv. div. en 20 velles.	1,48	26 livres.	11,50	Quintal poids de table.	40, 79
Cubières. C d...	Carcass.	1,785	1024 c.c. C	32,65	Carcass.	0,86	500 livres.	1,25	livre.	0,45	Pile de 16 pans sur 4.	5 st., 20
Cucugnan. A i..	Montp.	1,988	1024 c.c. M	40,46	Carcass.	0,86	500 livres.	1,25	livre.	0,45	Quintal poids de table.	40 k., 79
Cumiès. B c..	Carcass.	1,785	1857 1/2 c.c C	58,55	Toulouse	0,95	Chaury div. en 42 pots.	1,21	livre.	0,45	Pile de 18 pans sur 4 1/2.	4 st., 05
Cuxac-Cabardés. A k	Carcass.	1,785	1024 c.c. C	32,65	Carcass.	0,86	556 livres.	1,38	livre.	0,45	Pile de 16 pans sur 4.	5, 20
Cuxac-d'Aude. D a.	Montp.	1,988	488 c.c. M	19,28	Narbonne	0,71	Muid de Narb.	5,60	26 livres.	11,50	Quintal poids de table.	40 k., 79
Davejean. A i..	Montp.	1,988	1024 c.c. M	40,46	Carcass.	0,86	Charge de 500 l.	1,25	livre.	0,45	Charge de mulet pesant 220 l.	89, »
Darnacœuillette. A i.	Montp.	1,988	1024 c.c. M	40,46	Carcass.	0,86	500 livres.	1,25	livre.	0,45	Charge de mulet pesant 220 l.	89, »
Donazac. C a..	Carcass.	1,785	1024 c.c. C	32,65	Limoux.	0,76	500 livres.	1,25	livre.	0,45	Pile de 18 pans sur 4 1/2.	4 st., 05
Douzens. A b..	Carcass.	1,785	1024 c.c. C	32,65	Narbonne	0,71	540 liv. div. en 18 velles.	1,40	livre.	0,45	Quintal poids de table.	40 k., 79
Duilhac. A i....	Montp.	1,988	1024 c.c. M	40,46	Carcass.	0,86	300 livres.	1,25	livre.	0,45	Charge de mulet pesant 220 l.	89, »
Durban. D b...	Montp.	1,988	624 c.c. M	24,65	Narbonne / Limoux.	0,71 / 0,76	520 livres.	1,51	livre.	0,45	Quintal poids de table.	40, 79
Embres et Castel-mauro. D b..	Narbonne	1,967	1024 c.c. M	40,40	Narbonne	0,71	300 livres.	1,25	livre.	0,45	Quintal poids de table.	40, 79
Escales. D d...	Montp.	1,988	720 c.c. M	28,54	Narbonne	0,71	500 livres.	1,48	26 livres.	11,50	Pile de 16 pans sur 4.	40, 79
Escouloubre. C g.	Carcass.	1,785	1024 c.c. C	32,65	Limoux.	0,76	500 livres.	1,25	livre.	0,45	Pile de 27 pans sur 4 1/2.	6 st., 07
Escueillens. C a..	Carcass.	1,785	1024 c.c. C	32,65	Limoux.	0,76	Limoux.	1,10	livre.	0,45	Pile de 18 pans sur 4.	3, 20
Espéraza. C f..	Carcass.	1,785	1024 c.c. C	32,65	Limoux.	0,76	Limoux.	1,10	livre.	0,45	Pile de 16 pans sur 4.	5, 20
Espezel. C b..	Carcass.	1,785	1024 c.c. C	32,65	Limoux.	0,76	288 liv. div. en 12 migéres.	1,17	livre.	0,45	A l'estime.	
Fa. C f....	Carcass.	1,785	1024 c.c. C	32,65	Limoux.	0,76	280 livres.	1,15	livre.	0,45	Pile de 12 pans sur 8.	4, 80
Fabrezan. D d..	Montp.	1,988	625 c.c. M	24,69	Narbonne	0,71	540 livres.	1,40	18 livres.	8,02	Quintal poids de table.	40 k., 79
Fajac-en-Val. A f.	Carcass.	1,785	1024 c.c. C	32,65	Carcass.	0,86	556 livres.	1,38	livre.	0,45	Pile de 16 pans sur 4.	5 st., 20
Fajac-la-Relenque. B e.......	Carcass.	1,785	1857 1/2 c.c C	58,55	Toulouse / Carcass.	0,95 / 0,86	Chaury div. en 42 pots.	1,21	livre.	0,45	Pile de 18 pans sur 4 1/2.	4, 05
Fanjeaux. B d ..	Carcass.	1,785	1024 c.c. C	32,65	Limoux. / Carcass.	0,76 / 0,86	Fanjeaux.	1,80	livre.	0,45	Pile de 16 pans sur 4.	5, 20
Félines. A i..	Montp.	1,988	1024 c.c. M	40,46	Carcass.	0,86	252 liv. div. en 42 pots.)	1,05	livre.	0,45	Charge de mulet pesant 220 l.	89 k. »
Feudeille. B e..	Carcass.	1,785	1857 1/2 c.c C	58,55	Casteln.	0,60	Chaury cont. 42 pots.	1,21	livre.	0,45	Pile de 18 pans sur 4 1/2.	4 st., 05
Fenouillet. C a..	Carcass.	1,785	1024 c.c. C	32,65	Limoux.	0,76	Limoux.	1,10	livre.	0,45	Pile de 16 pans sur 4.	5, 20
Ferrals-les-Corbiè-res. D d..	Narbonne	1,967	625 c.c. M	24,69	Narbonne	0,71	Lagrasse.	1,55	18 livres.	8,02	Quintal poids de table.	40 k., 79
Ferran. C a..	Carcass.	1,785	1024 c.c. C	32,65	Limoux.	0,76	Limoux.	1,10	livre.	0,45	Pile de 16 pans sur 4.	5 st., 20
Festes et St.-André. C e.......	Carcass.	1,785	1024 c.c. C	32,65	Limoux.	0,76	Limoux.	1,10	livre.	0,45	Pile de 12 pans sur 8.	4, 80

MESURES

NOM DES COMMUNES.	DE LONGUEUR. anciennes.	NOUV.	AGRAIRES. anciennes.	NOUV.	DE CAPACITÉ pour les grains. anciennes.	NOUV.
	CANNE DE	mètres milim.	SÉTÉRÉE DE	ares centièmes	SETIER DE	hectolit. litres
Feuilla. D f....	Narbonne	1,967	488 c. c. M.	19,28	Narbonne	0,71
Fitou. D f.....	Narbonne	1,967	488 c. c. M.	19,28	Narbonne	0,71
Fleury. D a....	Montp.	1,988	488 c. c. M.	19,28	Narbonne	0,71
Floure. A b....	Carcass.	1,785	1024 c. c. C.	52,65	Carcass.	0,86
Fontanes. C b....	Carcass.	1,785	1024 c. c. C.	52,65	Limoux.	0,70
Fontcouverte. D d..	Montp.	1,988	864 c. c. M.	34,15	Narbonne	0,71
Fonters - du - Razès. D d...	Carcass.	1,785	1857 ½ c.c. C.	98,55	Casteln.	0,60
Fontiès - Cabardès. A k......	Carcass.	1,785	1000 c. c. C.	50,08	Toulouse	0,95
Fontiès-d'Aude. A b.	Carcass.	1,785	1024 c. c. C.	52,65	Carcass.	0,86
Fontjoncouse. D b..	Narbonne	1,967	1024 c. c. M.	40,46	Narbonne	0,71
Fournes. A g...	Carcass.	1,785	1024 c. c. C.	52,65	Carcass.	0,86
Fonrtou et la Ségue. C d....	Carcass.	1,785	1024 c. c. C.	52,65	Carcass.	0,86
Fraissé - Cabardès. A k.......	Carcass.	1,785	1024 c. c. C.	52,65	Carcass.	0,86
Fraissé -les-Corbiè- res. D h....	Montp.	1,988	940 c. c. M.	57,14	Narbonne	0,71
Gaja et Villedieu. C e.	Carcass.	1,785	1024 c. c. C.	52,65	Limoux.	0,76
Gaja-la-Solve. B d..	Carcass.	1,785	1024 c. c. C.	52,65	Mirepoix.	0,95
Galinagues. C b...	Carcass.	1,785	1024 c. c. C.	52,65	Limoux.	0,70
Gardie. C h.....	Carcass.	1,785	1024 c. c. C.	52,65	Carcass.	0,86
Generville. B d...	Carcass.	1,785	1857 ½ c. c. C.	98,55	Casteln.	0,60
Gincla. C g....	Carcass.	1,785	1024 c. c. C.	52,65	Carcass.	0,80
Ginestas. D c...	Montp.	1,988	488 c. c. M.	19,28	Narbonne	0,71
Ginoles. C f....	Carcass.	1,785	1024 c. c. C.	52,65	Carcass.	0,80
Gourvieille. B c.	Carcass.	1,785	1857 ½ c. c. C.	98,55	Toulouse	0,95
Gramazie. C a..	Carcass.	1,785	1024 c. c. C.	52,65	Limoux.	0,76
Granès. C f...	Carcass.	1,785	1280 c. c. C.	40,78	Limoux.	0,76
Graffeil. C c...	Carcass.	1,785	1024 c. c. C.	52,65	Carcass.	0,86
Gruissan. D a..	Narbonne	1,967	623 c. c. M.	24,69	Narbonne	0,71
Greytes et Labastide. C c.....	Carcass.	1,785	1857 ½ c. c. C.	98,55	Chalabre.	1,02
Homps. D d...	Montp.	1,988	623 c. c. M.	24,69	Narbonne	0,71
Honnoux. C a...	Carcass.	1,785	1024 c. c. C.	52,65	Limoux.	0,70

MESURES

DE CAPACITÉ pour le vin. anciennes.	hectolit. litres NOUV.	DE CAPACITÉ pour l'huile. anciennes.	livres centilit NOUV.	DE SOLIDITÉ pour le bois de chauffage. anciennes.	NOUV.
CHARGE DE		MESURE DE			stère décimal
500 livres.	1,25	livre.	0,45	Charge de mulet pes. 220 livr. ou par charrettée.	80 k. »
500 liv. div. en 5 pagelles.	1,25	26 livres.	11,59	Charge de mulet pes. 220 livr.	80 , »
Muid de Narb.	5,60	26 livres.	11,59	Quintal-poids de table.	40 , 79
Charge de Carc..	1,40	livre.	0,45	Pile de 16 pans sur 8.	5 st. 20
Limoux , div. en 48 pots.	1,10	livre.	0,45	»	»
360 liv. cont. 20 velles.	1,48	26 livres.	11,59	Quintal-poids de table.	40 k. 79
Chaury 42 pots	1,21	livre.	0,45	Pile de 18 pans sur 4 ½.	4 st. 05
Carcassonne.	1,40	16 livres.	7,15	Pile de 18 pans sur 4 ½.	4 , 05
Carcassonne.	1,40	livre.	0,45	Pile de 16 pans sur 4 ½.	3 , 20
530 livres.	1,51	livre.	0,45	Quintal-poids de table.	40 k. 79
Carcassonne.	1,40	17 livres.	7,58	Pile de 16 pans sur 4.	5 st. 20
500 livres.	1,25	livre.	0,45	Charge de mulet de 220 livres	80 k. »
Carcassonne.	1,40	livre.	0,45	Pile de 16 pans sur 4.	3 st. 20
256 l. en 64 p..	1,05	livre.	0,45	Charge de mulet pes. 220 liv.	80 k. »
Limoux.	1,10	livre.	0,45	Pile de 16 pans sur 4.	3 st. 20
Fanjeaux.	1,40	livre.	0,45	Pile de 16 pans sur 4.	3 , 20
288 liv. div. en 12 milgères.	1,17	26 livres.	11,59	»	»
Carcassonne.	1,40	16 livres.	7,15	Pile de 16 pans sur 4.	4 , 05
Fanjeaux.	1,40	livre.	0,43	Pile de 16 pans sur 4.	3 , 20
288 l. div. en 12 mig. et 48 p.	1,17	livre.	0,45	Quintal-poids de table.	40 k. 79
Muid de 14401.	5,91	livre.	0,45	Quintal-poids de table.	40 , 79
Charge de 500 l.	1,25	livre.	0,45	Pile de 27 pans sur 4 ½.	6 st. 07
Chaury de 42 p	1,24	livre.	0,45	Pile de 18 pans sur 4 ½.	4 , 05
Limoux.	1,10	livre.	0,45	Pile de 18 pans sur 4 ½.	4 , 05
270 livres.	1,41	livre.	0,45	Pile de 18 pans sur 4 ½.	4 , 05
536 livres.	1,38	16 livres.	7,15	Pile de 18 p. sur 4 ½.	4 , 05
Muid de Narb.	5,69	26 livres.	11,59	Quintal-poids de table.	40 k. 79
Charge de 275 l. div. en 44 p.	1,15	livre.	0,45	Pile de 9 pans sur 9.	4 st. 08
360 liv. div. en 20 veltes.	1,48	26 livres.	11,59	Quintal-poids de table.	40 k. 79
Limoux.	1,10	livre.	0,45	Pile de 16 pans sur 4.	5 st. 20

NOM DES COMMUNES.	MESURES					
	DE LONGUEUR.		AGRAIRES.		DE CAPACITÉ pour les grains.	
	anciennes.	nouv.	anciennes.	nouv.	anciennes.	nouv.
		mètres millim.	SÉTÉRÉE DE	ares centiar.	SÉTIER DE	hectolitre litres.
Issel. *B b.*	Carcass.	1,785	1105 5/16 c. c. C.	58,25	Casteln.	0,60
Jonquières. *D b.* . .	Narbonne	1,967	685 c. c. M.	24,60	Narbonne	0,71
Joucou. *C b.* . . .	Carcass.	1,785	1024 c. c. C.	52,65	Limoux.	0,76
Labastide-d'Anjou. *B c.*	Carcass.	1,785	1857 c. c. C.	58,55	Casteln.	0,60
Labastide-en-Val. *A f*	Carcass.	1,785	1024 c. c. C.	52,65	Carcass.	0,86
Labastide-Esparbairenque. *A g.* . .	Carcass.	1,785	1024 c. c. C.	52,65	Carcass.	0,86
La Bécède-Lauragais *B b.*	Carcass.	1,785	1550 c. c. C.	45,01	Casteln.	0,60
Labezole. *C a.* . . .	Carcass.	1,785	1024 c. c. C.	52,65	Limoux.	0,76
La Cassaigne. *B d.* .	Carcass.	1,785	1024 c. c. C.	52,65	Carcass.	0,86
La Caunette. *C d.* .	Montp.	1,988	1024 c. c. M.	40,46	Carcass.	0,86
La Courtète. *C a.* .	Carcass.	1,785	1024 c. c. C.	52,65	Limoux.	0,76
Ladern. *C h.* . . .	Carcass.	1,785	1024 c. c. C.	52,65	Carcass.	0,86
La Digne-d'Amont. *C c.*	Carcass.	1,785	1024 c. c. C.	52,65	Limoux.	0,76
La Digne-d'Aval. *C c.*	Carcass.	1,785	1024 c. c. C.	52,65	Limoux.	0,76
Lafage. *B a.* . . .	Carcass.	1,785	1857 1/2 c. c. C.	58,55	Mirepoix.	0,95
Lafajole. *C b.* . .	Carcass.	1,785	1024 c. c. C.	52,65	Limoux.	0,76
Laforce. *B d.* . .	Carcass.	1,785	1024 c. c. C.	52,65	Carcass.	0,86
Lagrasse. *A f.* . .	Montp.	1,988	1024 c. c. M.	40,46	Lagrasse.	0,76
Lairière. *A t.* . . .	Montp.	1,988	1024 c. c. M.	40,46	Limoux.	0,76
La Louvière. *B c.* .	Carcass.	1,785	1857 1/2 c. c. C.	58,55	Toulouse	0,95
Lanet. *A t.*	Montp.	1,988	1024 c. c. M.	40,46	Carcass.	0,86
La Palme. *D f.* . .	Narbonne	1,967	564 c. c. M.	23,28	Narbonne	0,71
La Pomarède. *B. b.*	Carcass.	1,785	1857 1/2 c. c. C.	58,55	Casteln.	0,60
La Prade. *A g.* . .	Carcass.	1,785	1024 c. c. C.	52,65	Carcass.	0,86
La Redorte. *A f.* . .	Montp.	1,988	900 c. c. M.	35,56	Narbonne	0,71
Laroque-de-Fa. *A t.*	Montp.	1,988	1024 c. c. M.	40,46	Carcass.	0,86
Lasbordes. *B c.* . .	Carcass.	1,785	1120 c. c. C.	55,69	1/2 de celui de Cast.	0,56
La Serpent. *C d.* .	Carcass.	1,785	1024 c. c. C.	52,65	Limoux.	0,76
Lasserre. *C a.* . .	Carcass.	1,785	1024 c. c. C.	52,65	Limoux. Carcass.	0,76 / 0,86
Lastours. *A g.* . .	Carcass.	1,785	1024 c. c. C.	52,65	Carcass.	0,86
La Tourette. *A g.* .	Carcass.	1,785	1024 c. c. C.	52,65	Carcass.	0,86
Laurabuc. *B c.* . .	Toulouse	1,796	1857 1/2 c. c. T.	80,58	Casteln.	0,60
Laurac-le-Grand. *B d*	Carcass.	1,785	1470 c. c. C.	46,84	Casteln.	0,60
Lauragnel. *C a.* . .	Carcass.	1,785	1024 c. c. C.	52,65	Limoux.	0,76
Laure. *A f.*	Montp.	1,988	625 c. c. M.	20,00	Narbonne	0,71

MESURES					
DE CAPACITÉ pour le vin.		DE CAPACITÉ pour l'huile.		DE SOLIDITÉ pour le bois de chauffage.	
anciennes.	nouv. hectolit. litres	anciennes.	nouv. litres centilit.	anciennes.	nouv.
CHARGE DE		MESURE DE			
Castelnaudary	1,58	livre.	0,45	Pile de 18 pans sur 4 1/2.	4 st. 08
Muid de Narb.	5,00	26 livres.	11,50	Quintal poids de table.	40 k. 79
Charge de 300 l.	1,25	livre.	0,45	Pile de 17 pans sur 4 1/2.	6 st. 07
Chaury, 40 p.	1,16	livre.	0,45	Pile de 18 pans sur 4 1/2.	4 , 08
556 livres.	1,58	livre.	0,45	Pile de 18 pans sur 4 1/2.	4 , 08
556 livres.	1,58	17 livres.	7,58	Pile de 18 pans sur 4 1/2.	4 , 08
320 livres.	1,51	livre.	0,45	Pile de 5 pans sur 5 et 6 de larg.	1 , 50
Limoux.	1,10	livre.	0,45	Pile de 16 pans sur 4.	5 , 20
564 livres.	1,58	livre.	0,45	Pile de 8 pans sur 8.	5 , 20
Carcassonne.	1,40	livre.	0,45	Pile de 18 pans sur 4 1/2.	4 , 05
Limoux.	1,10	livre.	0,45	Pile de 16 pans sur 4.	5 , 20
556 livres.	1,58	16 livres.	7,15	Pile de 18 pans sur 4 1/2.	4 , 05
Limoux.	1,10	livre.	0,45	Pile de 16 pans sur 4.	5 , 20
244 livres.	1,00	livre.	0,45	Pile de 16 pans sur 4.	5 , 20
500 livres.	1,25	livre.	0,45	Pile de 22 pans sur 5.	5 , 50
500 livres.	1,25	livre.	0,45		
Fanjeaux.	1,40	livre.	0,45	Pile de 16 pans sur 4.	5 , 20
Lagrasse.	1,54	18 livres.	8,02	Charge de 220 livres.	89 k.
320 livres.	1,51	livre.	0,45	Charge de 220 livres.	80 ,
Chaury, 42 p.	1,21	livre.	0,45	Charge de 9 pans sur 4 1/2.	2 st. 02
320 livres.	1,51	livre.	0,45	Charge de mulet de 220 livres.	80 k.
500 l. div. en 5 pagelles.	1,25	livre.	0,45	Charge de mulet de 220 livres.	89 ,
Castelnaudary	1,58	livre.	0,45	Pile de 18 pans sur 4 1/2.	4 st. 08
320 livres.	1,51	livre.	0,45	Pile de 22 pans sur 5.	4 , 08
580 l. div. en 16 velts.	1,55	16 livres.	7,15	Quintal poids de table.	40 k. 79
500 livres.	1,25	livre.	0,45	Quintal poids de table.	40 , 79
Castelnaudary 270 livres.	1,38	livre.	0,45	Pile de 18 pans sur 4 1/2.	4 st. 08
Limoux.	1,10	livre.	0,45	Pile de 16 pans sur 4.	5 , 20
520 l. div. en 65 pots.		16 liv. 1/2	7,58	Pile de 18 pans sur 4 1/2.	4 , 05
320 livres.	1,51	livre.	0,45	Pile de 18 pans sur 4 1/2.	4 , 08
Chaury, 22 p.	1,21	livre.	0,45	Pile de 18 pans sur 4 1/2.	4 , 05
Chaury, 42 p.	1,21	livre.	0,45	Pile de 16 pans sur 4.	5 , 20
280 livres.	1,14	livre.	0,45	Pile de 18 pans sur 4 1/2.	4 , 05
320 livres.	1,51	17 livres.	7,58	Quintal poids de table.	40 k. 79

MESURES

NOM DES COMMUNES	DE LONGUEUR anciennes	nouv.	AGRAIRES anciennes	nouv.	DE CAPACITÉ pour les grains anciennes	nouv.
	CANNE DE		SÉTERÉE DE		SÉTIER DE	
Lavalette. A h. . . .	Carcass.	1,785	1024 c. c. C.	52,65	Carcass.	0,86
Le Bousquet. C g.	Carcass.	1,785	1024 c. c. C.	52,65	Carcass,	0,86
Le Clat. C g.	Carcass.	1,785	1024 c. c. C.	52,65	Carcass.	0,86
Les Bains-de-Rennes C d. . .	Carcass.	1,785	1024 c. c. C.	52,65	Limoux.	0,76
Les Cassés. B b. .	Carcass.	1,785	1350 c. c. C.	45,01	Revel.	1,02
Les Ilhes. A g. . . .	Carcass.	1,785	1024 c. c. C.	52,65	Carcass.	0,86
Les Martys. A g. .	Carcass.	1,785	1024 c. c. M.	33,46	Minervois	0,65
Lespinassière. A j.	Montp.	1,988	900 c. c. M.	33,46	Carcass.	0,86
Leuc. A c.	Carcass.	1,785	1024 c. c. C.	52,65	Carcass.	0,86
Leuaste. D f. .	Narbonne	1,967	1024 c. c. M.	40,46	Narbonne	0,71
Lézignan. D d. .	Montp.	1,988	484 c. c. M.	19,12	Narbonne	0,71
Lignairolles. C a. .	Carcass.	1,785	1600 c. c. C.	50,98	Limoux.	0,76
Limousis. A e. . .	Carcass.	1,785	1024 c. c. C.	52,65	Carcass.	0,86
Limoux. C c. . . .	Carcass.	1,785	1024 c. c. C.	52,65	Limoux.	0,76
Loupia. C c. . . .	Carcass.	1,785	1024 c. c. C.	52,65	Limoux.	0,76
Luc-sur-Aude. C d.	Carcass.	1,785	1024 c. c. M.	40,46	Narbonne	0,71
Luc-sur-Orbieu. D d.	Montp.	1,988	625 c. c. M.	24,69	Narbonne	0,71
Magrie. C c. . . .	Carcass.	1,785	1024 c. c. C.	52,65	Limoux.	0,76
Mailhac. D c. .	Montp.	1,988	784 c. c. M.	30,97	Narbonne	0,71
Maisons. A l. . . .	Montp.	1,988	1024 c. c. M.	40,46	Carcass.	0,86
Malras. C c. . .	Carcass.	1,785	1024 c. c. C.	52,65	Limoux.	0,76
Malves. A c. . . .	Carcass.	1,785	1024 c. c. C.	52,65	Carcass.	0,86
Malvits. C. a. . .	Carcass.	1,785	1024 c. c. C.	52,65	Limoux.	0,76
Maroerignan. D c.	Narbonne	1,967	488 c. c. M.	19,28	Narbonne	0,71
Marquein. D c.,	Toulouse	1,796	1857 ½ c. c. T.	59,28	Toulouse	0,95
Marsa. C f. . . .	Carcass.	1,785	1600 c. c. C.	50,98	Toulouse	0,95
Marseillette. A j.	Carcass.	1,785	1024 c. c. L.	52,65	Carcass.	0,86
Mas-Cabardès. A j.	Carcass.	1,785	1024 c. c. C.	33,46	Carcass.	0,86
Mas-des-Cours. A b.	Carcass.	1,785	1024 c. c. C.	52,65	Carcass.	0,86
Mas-Stes-Puelles. B c.	Carcass.	1,785	1764 c. c. M.	56,20	Casteln.	0,60
Massac. A l. . . .	Montp.	1,988	1024 c. c. M.	40,46	Carcass.	0,86
Mayreville. B a. .	Carcass.	1,785	1857 ½ c. c. C.	58,85	Casteln.	0,60
Mayronnes. A f.	Montp.	1,988	1024 c. c. M.	40,46	Limoux.	0,76
Mazerolles. C a. .	Carcass.	1,785	1024 c. c. C.	52,65	Limoux.	0,76
Mouzhi. C b. . . .	Carcass.	1,785	1024 c. c. C.	52,65	Limoux.	0,76
Mérial. C b.	Carcass.	1,785	1024 c. c. C.	52,05	Limoux.	0,76

MESURES

DE CAPACITÉ pour le vin anciennes	nouv.	DE CAPACITÉ pour l'huile anciennes	nouv.	DE SOLIDITÉ pour le bois de chauffage anciennes	nouv.
CHARGE DE		MESURE DE			
Caressonne.	1,40	livre.	0,45	Pile de 18 pans sur 4 ½.	4 st. 05
288 l. conten. 12 migères.	1,17	livre.	0,45	Pile de 27 pans sur 4 ½.	6 , 07
288 l. div. en 12 migères.	1,47	livre,	0,45	Pile de 27 pans sur 4 ½.	6 , 07
270 livres.	1,11	livre.	0,45	Pile de 12 pans sur 6.	4 , 80
275 l. div. en 15 velles	1,15	livre.	0,45	Pile de 9 pans sur 5 ½.	2 , 47
330 livres.	1,51	livre.	0,45	Pile de 16 pans sur 4.	3 , 20
330 livres.	1,51	livre.	0,45	Pile de 18 pans sur 4 ½.	3 , 06
330 livres.	1,40	livre.	0,45	Quintal poids de table.	40 k. 79
Carcassonne.	1,40	16 livres.	7,43	Pile de 16 pans sur 4.	3 st. 20
Muid de Narb.	5,69	26 livres.	11,50	Quintal poids de table.	40 k. 79
Charge de 560 l. div. en 20 vel.	1,48	26 livres.	11,50	Pile de 16 pans sur 4.	40 , 79
Limoux.	1,10	livre.	0,45	Pile de 18 p. sur 4 ½.	5 st. 20
Carcassonne.	1,10	16 livres.	7,43	Pile de 12 pans sur 8.	4 , 80
Limoux.	1,10	livre.	0,45	Pile de 16 pans sur 4.	3 , 20
300 livres.	1,25	livre.	0,45	Pile de 16 pans sur 4.	3 , 20
270 livres.	1,11	livre.	0,45	Pile de 18 pans sur 4 ½.	4 , 03
560 l. div. en 20 velles.	1,48	26 livres.	11,50	Quintal poids de table.	40 k. 79
Limoux.	1,10	livre.	0,45	Pile de 12 pans sur 8.	4 st.80
560 l. div. en 20 velles.	1,48	26 livres.	11,50	Quintal poids de table.	40 k. 79
300 livres.	1,10	livre.	0,45	Quintal poids de table.	40 , 79
Limoux.	1,10	livre.	0,45	Pile de 12 pans sur 4.	3 , 20
Carcassonne.	1,40	livre.	0,45	Pile de 16 pans sur 4.	3 , 20
Limoux.	1,10	26 livres.	11,50	Quintal poids de table.	40 k. 79
Muid de Narb.	5,00	26 livres.	11,50	Quintal poids de table.	40 k. 79
Charge de 244 l. div. en 15 vel.	1,00	livre.	0,45	Pile de 9 pans sur 4 ½.	2 st. 48
300 livres.	1,00	livre.	0,45	Pile de 27 pans sur 4 ½.	6 , 07
Carcassonne.	1,54	17 livres.	7,58	Quintal poids de table.	40 k. 79
356 livres.	1,58	livre.	0,45	Pile de 16 pans sur 4.	3 st. 20
356 livres.	1,58	livre.	0,45	Pile de 18 pans sur 4 ½.	4 , 03
Castelnaudary	1,58	livre.	0,45	A l'estima.	»
300 livres.	1,25	livre.	0,45	Pile de 9 pans sur 4.	6 , 11
Chaury, 42 p.	1,21	livre.	0,45	Charge de mulet pesant 220 l.	89 k. »
300 livres.	1,25	livre.	0,45	Pile de 16 pans sur 4.	3 st. 20
Limoux.	1,10	livre.	0,45	Pile de 18 pans sur 4 ½.	4 , 03
300 livres.	1,25	livre.	0,45	Pile de 18 pans sur 4 ½.	4 , 06

NOM DES COMMUNES	MESURES DE LONGUEUR anc. (CANNE DE)	nouv.	MESURES AGRAIRES anc. (SÉTÉRÉE DE)	nouv.	DE CAPACITÉ pour les grains anc. (SETIER DE)	nouv.	DE CAPACITÉ pour le vin anc. (CHARGE DE)	nouv.	DE CAPACITÉ pour l'huile anc. (MESURE DE)	nouv.	DE SOLIDITÉ pour le bois de chauffage anc.	nouv.
Mezerville. B e...	Carcass.	1,785	1857 1/2 c. c. C.	58,55	Casteln.	0,60	Chaury de 42 pots.	1,21	livre.	0,45	Pile de 16 pans sur 4.	5 st., 20
Miraval - Cabardés. A g...	Carcass.	1,785	1024 c. c. C.	52,65	Carcass.	0,86	356 livres.	1,58	livre.	0,45	Pile de 16 pans sur 4.	5, 20
Miraval - Lauragais. B e...	Carcass.	1,785	1857 1/2 c. c. C.	58,55	Casteln.	0,60	200 liv. div. en 15 velt. 3/4.	1,19	livre.	0,45	Pile de 20 pans sur 5.	6, 11
Mirepeisset. D e.	Montp.	1,988	625 c. c. M.	24,69	Narbonne	0,71	Muid de 1440 liv.	0,91	26 livres.	11,50	Quintal poids de table.	40 k. 79
Missègre. C d...	Montp.	1,988	1024 c. c. M.	50,46	Carcass.	0,86	»	»	livre.	0,45	Pile de 12 pans sur 8.	4 st. 80
Molandier. B a...	Carcass.	1,785	1857 1/2 c.c.C.	58,55	Casteln.	0,00	»	»	livre.	0,45	Pile de 16 pans sur 4.	5, 20
Mollères. C h...	Carcass.	1,785	1024 c. c. C.	52,65	Carcass.	0,86	Charge de Carc. 200 liv. div. en 15 velt. 3/4.	1,40	livre.	0,45	Pile de 18 pans sur 4 1/2.	4, 08
Molleville. B e...	Carcass.	1,785	1857 1/2 c. c. C.	58,55	Casteln.	0,60	520 livres.	1,31	livre.	0,45	Charge de mulet pes. 220 l. env.	89 k. »
Monjoi. A i...	Montp.	1,988	1024 c. c. M.	40,46	Carcass.	0,86	Chaury, 52 p.	1,21	livre.	0,45	Pile de 16 pans sur 4.	5 st., 20
Montauriol. B e..	Carcass.	1,785	1857 1/2 c. c. C.	58,55	Casteln.	0,60	375 livres.	1,15	livre.	0,45	Pile de 12 pans sur 8.	4, 80
Montazels. C d...	Carcass.	1,785	1024 c. c. C.	52,65	Limoux.	0,70	560 livres.	1,48	20 livres.	8,01	Quintal poids de table.	40 k., 79
Montbrun. D d...	Narbonne	1,967	625 c. c. M.	24,69	Narbonne	0,71	Carcassonne.	1,40	livre.	0,45	Pile de 16 pans sur 4.	5 st., 20
Montclar. A h...	Carcass.	1,785	1024 c. c. C.	52,65	Carcass.	0,86	Chaury de 40 pots.	1,10	livre.	0,45	Pile de 9 p. sur 9 de h.	4, 05
Montferrand. B e.	Toulouse	1,796	1856 c. c. T.	99,35	Toulouse	0,93	Carcassonne.	1,40	livre.	0,45	Pile de 18 pans sur 4 1/2.	4, 05
Montfort. C g...	Carcass.	1,785	1024 c. c. C.	52,65	Carcass.	0,86	300 livres.	1,25	livre.	0,45	Quintal poids de table.	40 k. 79
Montgaillard. A l.	Carcass.	1,785	928 c. c. C.	90,57	Carcass.	0,86	Limoux.	1,10	livre.	0,45	Pile de 16 pans sur 4.	5, 20
Montgradail. C a.	Carcass.	1,785	1024 c. c. C.	52,65	Limoux.	0,76	Limoux.	1,10	livre.	0,45	Pile de 16 pans sur 4.	5, 20
Montbaut. C a...	Carcass.	1,785	1024 c. c. C.	52,65	Limoux.	0,76	Carcassonne.	1,40	livre.	0,45	Pile de 16 pans sur 4.	5, 20
Montirat. A b...	Carcass.	1,785	1024 c. c. C.	52,65	Carcass.	0,86	275 livres.	1,40	livre.	0,45	Charge de mulet pesant 220 l.	80 k. »
Montjardin. C c..	Carcass.	1,785	1600 c. c. C.	50,08	Chalabre.	1,02	550 livres.	1,58	livre.	0,45	Quintal poids de table.	40, 79
Montlaur. A f...	Carcass.	1,785	1024 c. c. C.	52,65	Carcass.	0,86	253 livres.	0,95	livre.	0,45	Pile de 9 pans sur 9.	4, 05
Montmaur. B b...	Toulouse	1,796	1225 c. c. T.	30,52	Toulouse	0,93	500 livres.	1,35	livre.	0,45	Pile de 9 pans sur 9.	4, 05
Montoliou. A a...	Carcass.	1,785	1024 c. c. C.	52,65	Carcass.	0,86						
Montréal. A h...	Carcass.	1,785	1024 c. c. C.	52,65	Montréal vieux s. p. le palenc. des r.	0,76	Carcassonne.	1,40	16 livres.	7,15	Pile de 16 pans sur 4.	5, 20
Montredon. D e..	Narbonne	1,967	488 c. c. M.	19,28	Narbonne	0,71	Muid de Narbon.	5,60	26 livres.	11,50	Quintal poids de table.	40 k., 79
Montséret. D d..	Narbonne	1,967	800 c. c. M.	31,02	Narbonne	0,71	Muid de 1440 liv.	5,91	26 livres.	11,50	Quintal poids de table.	40, 79
Monze. A d...	Carcass.	1,785	1024 c. c. C.	52,65	Carcass.	0,86	Charge de Carc.	1,40	livre.	0,45	Pile de 16 pans sur 4.	5 st. 20
Moussan. D e..	Narbonne	1,967	488 c. c. M.	19,28	Narbonne	0,71	Muid de Narbon.	3,60	20 livres.	11,50	Quintal poids de table.	40 k., 79
Moussoulens. A a..	Carcass.	1,785	1024 c. c. C.	52,65	Carcass.	0,86	Charge de Carc.	1,40	livre.	0,45	Pile de 18 pans sur 4 1/2.	4 st. 06
Mouthoumet. A f.	Montp.	1,988	853 c. c. M.	32,87	Carcass.	0,86	300 livres.	1,25	livre.	0,45	Charge de mulet pesant 220 l.	80 k. »
Narbonne. D e..	Montp.	1,988	625 c. c. M.	24,69	Narbonne	0,71	351 livres.	1,56	livre.	0,45	Quintal poids de table.	40, 79
Nébias. C f...	Carcass.	1,785	488 c. c. M.	19,28	Narbonne	0,71	Muid de Narb.	5,60	26 livres.	11,50	Pile de 16 pans sur 4.	5 st. 20
Névian. D e...	Narbonne	1,967	625 c. c. M.	24,69	Narbonne	0,71	Charge de 200 l.	1,10	livre.	0,45	Quintal poids de table.	40 k., 79
Niort. C b...	Carcass.	1,785	1024 c. c. C.	52,65	Limoux.	0,76	Muid de Narb.	3,60	26 livres.	11,50	Quintal poids de table.	40 k., 79
Ornaisons. D d..	Montp.	1,988	690 c. c. M.	25,71	Narbonne	0,71	Muid de Narb.	5,60	26 livres.	11,50	Quintal poids de table.	40 k., 79

NOM DES COMMUNES.	MESURES DE LONGUEUR. anciennes.	NOUV.	MESURES AGRAIRES. anciennes.	NOUV.	DE CAPACITÉ pour les grains. anciennes.	NOUV.	DE CAPACITÉ pour le vin. anciennes.	NOUV.	DE CAPACITÉ pour l'huile. anciennes.	NOUV.	DE SOLIDITÉ pour le bois de chauffage. anciennes.	NOUV.
	CANNE DE	mètres millim.	SÉTÉRÉE DE	ares centiares	SETIER DE	hectolit. litres	CHARGE DE	hectol. litres	MESURE DE	litres centil.		
Orsans. *B d.*	Carcass.	1,785	1024 c. c. C.	52,65	Carcass.	0,86	Fanjeaux.	1,40	livre.	0,45	Pile de 16 pans sur 4.	5 st. 20
Ouveilhan. *D c.*	Narbonne	1,907	625 c. c. M.	24,60	Narbonne	0,71	Muid de 1440 liv.	5,91	26 livres.	11,59	Quintal poids de table.	40 k. 79
Padern. *A l.*	Carcass.	1,785	1025 c. c. C.	52,65	Carcass.	0,86	Charge de 500 l.	1,25	livre.	0,45	Quintal poids de table.	40 , 79
Palaja. *A c.*	Carcass.	1,785	1024 c. c. C.	52,65	Carcass.	0,86	Carcassonne.	1,40	16 livres.	7,13	Pile de 16 pans sur 4.	5 st. 20
Palayrac. *A i.*	Montp.	1,988	1024 c. c. M.	40,40	Carcass.	0,86	300 livres.	1,25	livre.	0,45	Quintal poids de table.	40 k. 79
Paraza. *D c.*	Narbonne	1,907	600 c. c. M.	25,71	Narbonne	0,71	360 livres div. en 20 veltes.	1,48	Charge de 16 mes. de 26 liv.	180,40	Quintal poids de table.	40 79
Paulignc. *C e.*	Carcass.	1,785	1024 c. c. C.	52,65	Limoux.	0,76	Limoux.	1,10	Mes. de 20 l.	0,45	Pile de 12 pans sur 8.	4 st., 80
Payra. *B e.*	Carcass.	1,785	1837 ½ c. c. C	58,55	Toulouse	0,93	Chaury 42 pots	1,21	livre.	0,45	Pile de 18 pans sur 4 ½.	4 , 05
Paziols. *A l.*	Montp.	1,988	928 c. c. C.	29,57	Limoux.	0,76	300 livres.	1,25	au quint.	44,57	Ch. de bête de somme p. 220 l.	89 k. »
Pécharic et le Py. *B a.*	Toulouse	1,796	1836 c. c. T.	50,25	Mirepoix.	0,93	Chaury 42 pots	1,21	livre.	0,45	Pile de 18 pans sur 4 ½.	4 st. 05
Pech-Luna. *B a.*	Toulouse	1,796	1836 c. c. T.	59,25	Casteln.	0,60	Chaury 42 pots	1,21	livre.	0,45	Pile de 18 pans sur 4 ½.	4 , 05
Pennautier. *A d.*	Carcass.	1,785	1024 c. c. C.	52,65	Carcass.	0,86	Carcassonne.	1,40	livre.	0,45	Pile de 16 pans sur 4.	5 , 20
Pépieux. *A j.*	Montp.	1,988	660 c. c. M.	26,08	Narbonne	0,71	360 livres.	1,48	livre.	0,45	Quintal poids de table.	40 k. 79
Pexiora. *B c.*	Toulouse	1,796	1837 ½ c. c. T.	58,55	Casteln.	0,60	Chaury 42 pots c.t 16 veltes.	1,21	9 livres.	4,01	Pile de 18 pans sur 4 ½.	4 st. 05
Peyrefite-du-Raz. *C c*	Carcass.	1,785	1024 c. c. C.	52,65	Limoux.	0,76	100 livres.	1,41	livre.	0,45	Pile de 16 pans sur 4.	5 , 20
Peyrefite-sur-l'Hers. *B a.*	Carcass.	1,785	1837 ½ c. c. C.	58,55	Toulouse	0,93	Chaury 42 pots	1,21	livre.	0,45	Pile de 18 pans sur 4 ½.	4 , 05
Peyrens. *B b.*	Carcass.	1,785	1837 ½ c. c. C.	58,55	Casteln.	0,60	Castelnaudary	1,59	livre.	0,45	Pile de 18 p. sur 4 ½.	4 , 05
Peyriac-de-Mer. *D f.*	Narbonne	1,907	488 c. c. M.	19,28	Narbonne	0,71	Muid de Narb.	5,69	26 livres.	11,59	Quintal poids de table.	40 k. 79
Peyriac-Minervois. *A j.*	Carcass. Montp.	1,785 1,988	600 c. c. M.	25,71	Narbonne	0,71	Charge de 555.	1,40	15 livr. ½	6,91	Quintal poids de table. Pile de 16 pans sur 4.	4 , 79 5 st. 20
Peyrolles. *C d.*	Carcass.	1,785	1024 c. c. C.	52,65	Carcass.	0,86	Limoux.	1,10	livre.	0,45	Pile de 12 pans sur 8.	4 , 80
Pézens. *A a.*	Carcass.	1,785	1024 c. c. C.	52,65	Carcass.	0,86	Carcassonne.	1,40	livre.	0,45	Pile de 18 pans sur 4 ½. Pile de 16 pans sur 4	4 , 05 5 , 20
Pieusse. *C e.*	Carcass.	1,785	1024 c. c. C.	52,65	Limoux.	0,76	Limoux.	1,10	livre.	0,45	Pile de 12 pans sur 8.	4 , 80
Plaigne. *B a.*	Carcass.	1,785	1200 c. c. C.	58,25	Casteln.	0,60	Carcassonne.	1,40	livre.	0,45	Pile de 16 pans sur 4.	5 , 20
Plavilla. *B d.*	Carcass.	1,785	1857 ½ c. c. C.	58,55	Mirepoix.	0,95	300 livres.	1,25	livre.	0,45	Pile de 16 pans sur 4.	5 , 20
Pomas. *C h.*	Carcass.	1,785	1024 c. c. C.	52,65	Carcass.	0,86	Carcassonne.	1,40	livre.	0,45	Pile de 16 pans sur 4.	5 , 20
Pomy. *C a.*	Carcass.	1,785	1024 c. c. C.	52,65	Limoux.	0,76	275 livres.	1,15	livre.	0,45	Pile de 12 pans sur 9.	5 , 40
Portel. *D f.*	Narbonne	1,967	650 c. c. M.	25,68	Narbonne	0,71	360 livres.	1,48	26 livres.	11,59	Quintal poids de table.	40 k. 79
Pouzols. *D c.*	Montp.	1,988	448 c. c. M.	17,70	Narbonne	0,71	360 liv. div. en 20 veltes.	1,50	26 livres.	11,59	Quintal poids de table.	40 , 79
Pradelles-en-Val. *A f.*	Carcass.	1,785	1024 c. c. C.	52,65	Carcass.	0,86	350 livres.	1,58	livre.	0,45	Pile de 16 pans sur 4.	5 st. 20
Pradelles-Cabard. *A g*	Carcass.	1,785	1024 c. c. C.	52,65	Carcass.	0,80	356 livres.	1,58	livre.	0,45	Pile de 18 pans sur 4 ½.	4 , 05
Preixan. *A h.*	Carcass.	1,785	1024 c. c. C.	52,65	Carcass.	0,86	300 livres.	1,25	livre.	0,45	Pile de 16 pans sur 4.	5 , 20
Puginier. *B b.*	Carcass. Toulouse	1,785 1,796	1105 9/16 c. c. C	55,25	Casteln.	0,60	Chaury 40 pots	1,16	livre.	0,45	Pile de 16 pans sur 4.	5 , 20
Puicheric. *A j.*	Narb. Carcass.	1,907 1,785	1024 c. c. C.	52,65	Narb. Carc.	0,71 0,86	520 liv. div. en 18 veltes.	1,51	livre.	0,45	Quintal poids de table.	40 k. 79
Puivert. *C c.*	Carcass.	1,785	1000 c. c. C.	50,98	Chalabre	1,02	100 livres.	0,41	livre.	0,45	Pile de 16 pans sur 4.	5 st. 20
Puylaurens. *C g.*	Montp.	1,988	1024 c. c. M.	40,40	Carcass.	0,86	300 livres.	1,25	livre.	0,45	Pile de 12 pans sur 8.	4 , 80
Quillan. *C f.*	Carcass.	1,785	1000 c. c. C.	50,98	Toulouse	0,93	Quillan.	1,14	livre.	0,45	Pile de 27 pans sur 4 ½	6 , 07

NOM DES COMMUNES.	MESURES DE LONGUEUR.		AGRAIRES.		DE CAPACITÉ pour les grains.		MESURES DE CAPACITÉ pour le vin.		DE CAPACITÉ pour l'huile.		DE SOLIDITÉ pour le bois de chauffage.	
	anciennes. CANNE DE	NOUV.	anciennes. SÉTÉRÉE DE	NOUV.	anciennes. SETIER DE	NOUV.	anciennes. CHARGE DE	NOUV.	anciennes. MESURE DE	NOUV.	anciennes.	NOUV.
Quintilan. D.b. . .	Montp.	1,968	1024 c. c. M.	40,46	Limoux.	0,76	390 livres.	1,51	16 livres.	0,46	Charge de mulet pes. 220 livr.	89 k. »
Quirbajou. C f . . .	Carcas.	1,785	1000 c. c. C.	50,98	Toulouse	0,95	Quillan.	1,14	livre.	0,46	Pile de 27 pans sur 4 1/2.	6 st.,07
Raissac - sur - Aude. D c.	Narbonne	1,967	625 c. c. M.	24,69	Narbonne	0,71	560 livres.	1,48	26 livres.	11,50	Quintal poids de table.	40 k., 79
Raissac-sur-Lampy. A a.	Carcas.	1,785	1024 c. c. C.	32,65	Carcass.	0,86	Carcassonne.	1,40	16 livres.	7,13	Pile de 18 pans sur 4 1/2.	4 st.,05
Rennes. C d	Carcas.	1,785	1024 c. c. C.	32,65	Limoux.	0,76	270 livres.	1,11	livre.	0,46	Pile de 12 pans sur 8.	4 , 80
Ribaute. A f. . . .	Montp.	1,988	1024 c. c. M.	32,65	Lagrasse.	0,75	340 livres.	1,40	18 livres.	8,02	Charge de mulet pesant 220 l.	89 k. »
Ribouisse. B d. . .	Carcas.	1,785	1024 c. c. C.	32,65	Limoux.	0,76	Fanjeaux.	1,40	livre.	0,46	Pile de 16 pans sur 4.	5 st.,20
Ricaud. B c. . . .	Carcas.	1,785	1106 c. c. C.	32,05	Casteln.	0,60	550 liv. div. en 18 velles.	1,54	livre.	0,46	Pile de 18 pans sur 4 1/2.	4 , 05
Rieux-en-val. A f.	Montp.	1,988	1024 c. c. M.	40,46	Limoux.	0,76	500 livres.	1,25	livre.	0,46	Charge de mulet pesant 220 l.	89 k. »
Rieux-Minervois.A j.	Montp.	1,988	864 c. c. M.	34,18	Narbonne	0,71	542 l.div.en 72 pots.	1,40	16 livres.	7,15	Quintal poids de table.	40 , 70
Rivel. C c	Carcas.	1,785	1000 c. c. C.	50,98	Chalabre.	1,02	275 livres.	1,13	livre.	0,46	Pile de 8 pans sur 8.	3 st. 20
Rodome. C b. . . .	Carcas.	1,785	1024 c. c. C.	32,65	Limoux.	0,76	288 liv. div. en 12 migères.	1,17	26 livres.	11,50	Pile de 16 pans sur 4.	3 , 20
Roquecourbe. A b.	Montp.	1,988	625 c. c. M.	24,69	Narbonne	0,71	550 l. div. en 18 velles.	1,50	livre.	0,46	Quintal poids de table.	40 k., 79
Roquefere. A g. . .	Carcas.	1,785	1024 c. c. C.	32,65	Carcas.	0,86	556 livres.	1,58	livre.	0,46	Pile de 18 pans sur 4 1/2.	4 st. 05
Roquefeuil. C b. .	Carcas.	1,785	1024 c. c. C.	32,65	Limoux.	0,76	288 l. div. en 12 migères.	1,17	livre.	0,46	»	
Roquefort - de - Sault. C g.	Carcas.	1,785	1024 c. c. C.	32,65	Narbonne	0,71	500 livres.	1,25	livre.	0,46	Pile de 24 pans sur 4.	4 , 80
Roquefort-des-Corb. D f.	Narbonne	1,967	625 c. c. M.	24,69	Narbonne	0,71	560 livres.	1,48	26 livres.	11,50	Quintal poids de table.	40 k., 79
Roquetaillade. C d.	Carcas.	1,785	1024 c. c. C.	32,65	Limoux.	0,76	500 livres.	1,25	livre.	0,46	Pile de 18 pans sur 4 1/2.	4 st. 05
Roubia. D c	Montp.	1,988	570 c. c. M.	22,76	Narbonne	0,71	560 liv. div. en 20 velles.	1,48	Ch. de 16 m.de 26 l.	:80,40	Quintal poids de table.	40 k. 70
Rouffiac-d'Aude. A b.	Carcas.	1,785	1024 c. c. C.	32,65	Carcass.	0,86	Carcassonne.	1,40	livre.	0,46	Quintal poids de table.	40 k. 70
Rouffiac - des - Corb. A l.	Montp.	1,988	1024 c. c. M.	40,46	Carcas.	0,86	500 livres.	1,25	livre.	0,46	Charge de mulet pesant 220 l.	89 k. »
Roullens. A h. . .	Carcas.	1,785	1024 c. c. C.	32,65	Carcas.	0,86	Carcassonne.	1,40	Mig.de 18 l.	8,02	Pile de 18 pans sur 4 1/2.	4 st. 05
Routier. C a . . .	Carcas.	1,785	1024 e. c. C.	32,65	Limoux.	0,76	Limoux.	1,10	livre.	0,46	Pile de 16 pans sur 4.	3 , 20
Rouvenac. C f . . .	Carcas.	1,785	1024 e. c. C.	32,65	Limoux.	0,76	Limoux.	1,10	livre.	0,46	Pile de 16 pans sur 4.	5 , 20
Rustiques. A b. . .	Carcas.	1,785	1024 c. c. C.	32,65	Carcas.	0,86	Carcassonne.	1,40	livre.	0,46	Quintal poids de table.	40 k. 79
St.-Amans. B a. . .	Carcas.	1,785	1857 1/2 c. c. C.	58,55	Casteln.	0,60	Chaury de 42 pots.	1,21	livre.	0,46	Pile de 9 pans sur 9.	4 st. 05
St.-André-de-Roque-longue. D d. . .	Montp.	1,988	800 c. c. M.	31,61	Narbonne	0,71	550 livres.	1,48	livre.	0,46	Quintal poids de table.	40 k. 79
St.-Benoît. C c. . .	Carcas.	1,785	1000 c. c. C.	50,98	Chalabre.	1,02	275 livres.	1,13	livre.	0,46	Pile de 9 pans sur 9.	4 st. 05
Ste.-Camelle. B c. .	Carcas.	1,785	1857 1/2 c. c. C.	58,55	Toulouse	0,95	Chaury de 42 pots	1,21	livre.	0,46	Pile de 18 pans sur 4 1/2.	4 , 05

9

MESURES

NOM DES COMMUNES	DE LONGUEUR anciennes	nouv.	AGRAIRES anciennes	nouv.	DE CAPACITÉ pour les grains anciennes	nouv.	DE CAPACITÉ pour le vin anciennes	nouv.	DE CAPACITÉ pour l'huile anciennes	nouv.	DE SOLIDITÉ pour le bois de chauffage anciennes	nouv.
	CANNE DE	metres millim.	SÉTÉRÉE DE	ares centiares	SETIER DE	hectolit. litres	CHARGE DE	hectol. litres	MESURE DE	litres centilit.		
Ste.-Colombe-sur-Guette. C g.	Carcass.	1,785	1024 c. c. C.	53,65	Carcass.	0,86	288 l. div. en 12 migères.	1,17	livre.	0,45	Pile de 27 pans sur 4 1/2.	6 st. 07
Ste.-Colombe-sur-l'Hers. C c.	Carcass.	1,785	1600 c. c. C.	90,98	Chalabre.	1,02	276 livres.	1,14	livre.	0,45	Pile de 16 pans sur 4.	5, 20
St.-Couat - d'Aude. A b.	Carcass.	1,785	1024 c. c. C.	53,65	Narbonne.	0,71	540 livres.	1,40	livre.	0,45	Quintal poids de tabic.	40 k. 79
St.-Couat-du-Razès C c.	Carcass.	1,785	1024 c. c. C.	53,65	Limoux.	0,76	500 livres.	1,25	livre.	0,45	Pile de 18 pans sur 4 1/2.	4 st. 06
St.-Denis. A k.	Carcass.	1,785	1600 c. c. C.	90,98	Toulouse	0,93	Carcassonne.	1,40	livre.	0,45	Pile de 18 p. sur 4 1/2.	3, 05
Ste.-Eulalie. A a.	Carcass.	1,785	1024 c. c. C.	53,65	Carcass.	0,86	Carcassonne.	1,40	livre.	0,45	Pile de 16 pans sur 4.	5, 20
St.-Ferriol. C f.	Carcass.	1,785	1280 c. c. C.	40,76	Carcass.	0,86	500 livres.	1,25	livre.	0,45	Pile de 27 pans sur 4 1/2.	6, 07
St.-Frichoux. A j.	Carcass.	1,785	1024 c. c. C.	53,65	Carcass.	0,86	520 livres.	1,31	livre.	0,45	Quintal poids de tabic.	40 k. 79
St.-Gaudéric. B d.	Carcass.	1,785	1857 1/2 c.c.C.	58,55	Carcass.	0,86	Faujeaux.	1,40	livre.	0,45	Pile de 16 pans sur 4.	3 st. 20
St.-Hilaire. C h.	Carcass.	1,785	1024 c. c. C.	53,65	Carcass.	0,86	Carcassonne.	1,40	16 livres.	7,15	Pile de 18 pans sur 4 1/2. / Pile de 16 pans sur 4.	4, 05 / 3, 20
St.-Jean-de-Barrou. D b.	Montp.	1,988	1024 c. c. M.	40,40	Narbonne	0,71	500 livres.	1,25	livre.	0,45	A l'estime.	»
St.-Jean-de-Paracol. C c.	Carcass.	1,785	1024 c. c. C.	53,65	Chalabre.	1,02	Limoux.	1,10	livre.	0,45	Pile de 16 pans sur 4.	5, 20
St.-Julia-de-Bec. C f.	Carcass.	1,785	1600 c. c. C.	90,98	Toulouse	0,93	500 livres.	1,25	livre.	0,45	Pile de 27 pans sur 4 1/2.	6, 07
St.-Julien-de-Briola. B d.	Carcass.	1,785	1857 1/2 c.c.C.	38,55	Mirepoix.	0,93	500 livres.	1,25	livre.	0,45	Pile de 16 pans sur 4.	3 st. 20
St.-Just-de-Belengard. C a.	Carcass.	1,785	1024 c. c. C.	53,65	Limoux.	0,76	Limoux.	1,40	livre.	0,45	Pile de 16 pans sur 4.	5, 20
St.-Just et le Bézu. C f.	Carcass.	1,785	1024 c. c. C.	53,65	Carcass.	0,86	260 livres.	1,06	livre.	0,45	»	»
St.-Laurent-de-la-Cabrerisse. D b.	Carcass.	1,785	1024 c. c. C.	53,65	Lagrasse.	0,73	Lagrasse.	1,58	livre.	0,45	Charge de mulet pesant 220 l.	80 k. »
St.-Louis-de-Parahou C f.	Carcass.	1,785	1600 c. c. C.	90,98	Carcass.	0,86	Quillan.	1,12	livre.	0,45	Quintal poids de table.	40, 79
St.-Marcel. D c.	Montp.	1,988	488 c.c.M.	19,28	Narbonne	0,71	Muld de 1440 l.	9,91	26 livres.	11,59	Quintal poids de table.	40, 79
St.-Martin-des-Puits. A f.	Carcass.	1,785	896 c. c. C.	28,55	Lagrasse.	0,73	Charge de 520 l.	1,31	18 livres.	8,02	Charge de mulet pesant 220 l.	89, »
St.-Martin-de-Taissac C f.	Carcass.	1,785	1280 c. c. C.	40,76	Carcass.	0,86	500 livres.	1,25	livre.	0,45	Pile de 27 pans sur 4 1/2.	6 st. 07
St.-Martin-de-Villeregian. C e.	Carcass.	1,785	1024 c. c. C.	53,65	Limoux.	0,76	Limoux.	1,10	livre.	0,45	Pile de 16 pans sur 8.	4, 80
St.-Martin-Lalande. B c.	Carcass.	1,785	1857 1/2 c. c. C.	58,55	Casteln.	0,60	Castelnaudary.	1,39	livre.	0,45	Pile de 18 pans sur 4 1/2.	4, 05
St.-Martin-le-Vieil. A a.	Carcass.	1,785	1024 c. c. C.	53,65	Carcass.	0,86	Carcassonne.	1,40	livre.	0,45	Pile de 18 pans sur 4 1/2.	4, 05
St.-Michel-de-Lanès. B c.	Toulouse	1,796	1857 1/2 c.c.T.	99,28	Toulouse.	0,93	60 justes.	1,20	livre.	0,45	Pile de 9 pans sur 3 1/2.	2 st. 48
St.-Nazaire. D c.	Montp.	1,988	488 c. c. M.	19,28	Narbonne	0,71	Muld de 1440 l.	9,91	26 livres.	11,59	Quintal poids de table.	40 k. 79

Page 48

NOM DES COMMUNES	DE LONGUEUR (CANNE DE) anciennes	nouv.	AGRAIRES (SÉTÉRÉE DE) anciennes	nouv.	DE CAPACITÉ pour les grains (SETIER DE) anciennes	nouv.
St.-Papoul. B b..	Carcass.	1,785	1764 c. c. C.	56,20	Casteln.	0,60
St.-Paulet. B b..	Toulouse	1,790	1857 ½ c. c. T.	39,28	Casteln.	0,60
St. Pierre des Champs A f..	Carcass.	1,785	704 c. c. M.	22,48	Lagrasse.	0,78
St.-Polycarpe. C h..	Carcass.	1,785	1024 c. c. C.	52,65	Limoux.	0,76
St.-Sernin. B a..	Carcass.	1,785	1857 ½ c. c. C.	58,55	Casteln.	0,60
Ste.-Valière. D c.	Montp.	1,968	488 c. c. M.	19,28	Narbonne	0,71
Saissac. A h...	Carcass.	1,785	1174 c. c. C.	37,41	Toulouse	0,93
Sallèles-Cabardès. A e.	Carcass.	1,785	1024 c. c. C.	52,65	Carcass.	0,86
Sallèles-d'Aude. D c	Narbonne	1,967	488 c. c. M.	19,28	Narbonne	0,71
Salles-d'Aude. D a.	Narbonne	1,967	488 c. c. M.	19,28	Narbonne	0,71
Salles-sur-l'Hers. De.	Carcass.	1,785	1857 ½ c. c. C.	58,55	Toulouse	0,93
Salsigne. A g. .	Carcass.	1,785	1024 c. c. C.	52,65	Carcass.	0,80
Salza. A t...	Carcass.	1,785	1024 c. c. C.	52,65	Carcass.	0,80
Seignalens. C a..	Carcass.	1,785	1600 c. c. C.	80,08	Carcass.	0,80
Serres. C d..	Carcass.	1,785	1024 c. c. C.	52,65	Limoux.	0,70
Serviès-en-Val. A f	Carcass.	1,785	1024 c. c. C.	52,65	Carcass.	0,90
Sigean. D f...	Montp.	1,968	564 c. c. M.	22,26	Narbonne	0,71
Sonnac. C c..	Carcass.	1,785	1600 c. c. C.	80,08	Chalabre.	1,02
Sougraigne. C d.	Carcass.	1,785	1024 c. c. C.	52,65	Carcass.	0,86
Souilhanels. B b.	Carcass.	1,785	1105 9/10 c. c. C.	55,35	Casteln.	0,60
Souilhe. B b..	Carcass.	1,785	1105 9/10 c. c. C.	55,35	Casteln.	0,60
Soulatgé. A t..	Montp.	1,968	1024 c. c. M.	40,46	Carcass.	0,86
Soupex. B b..	Carcass.	1,785	1857 ½ c. c. C.	58,55	Casteln.	0,60
Talayran. A g..	Montp.	1,968	1024 c. c. M.	40,46	Limoux.	0,70
Taurize. A f..	Carcass.	1,785	1024 c. c. C.	52,65	Carcass.	0,86
Termes. A t..	Montp.	1,968	1024 c. c. M.	40,46	Carcass.	0,86
Terroles. C d..	Carcass.	1,785	1024 c. c. C.	52,65	Limoux.	0,70
Thézan. B b..	Montp.	1,968	1024 c. c. M.	40,46	Lagrasse.	0,78
Toureilles. C c.	Carcass.	1,785	1024 c. c. C.	52,65	Limoux.	0,70
Tournissan A f.	Montp.	1,968	1024 c. c. M.	40,46	Limoux.	0,76
Tourouzelle. D d.	Montp.	1,968	610 c. c. M.	24,10	Narbonne	0,71
Trassanel. A g..	Carcass.	1,785	1024 c. c. C.	52,65	Carcass.	0,86
Trausse. A f..	Montp.	1,988	600 c. c. M.	23,71	Narbonne	0,71
Trèbes. A b.	Carcass.	1,785	1024 c. c. C.	52,65	Carcass.	0,80
Treilles. D f..	Narbonne	1,967	488 c. c. M.	19,28	Narbonne	0,71

Page 49

DE CAPACITÉ pour le vin (CHARGE DE) anciennes	nouv.	DE CAPACITÉ pour l'huile (MESURE DE) anciennes	nouv.	DE SOLIDITÉ pour le bois de chauffage anciennes	nouv.
Castelnaudary 330 litres.	1,59	livre.	0,45	Pile de 18 pans sur 4 1/2.	4 st. 05
330 litres.	1,44	livre.	0,45	Pile de 18 pans sur 4 1/2.	4 , 05
Lagrasse. 200 litres.	1,55	livre.	0,45	Quintal poids de table.	40 k. 79
200 livres.	1,06	livre.	0,45	Pile de 18 pans sur 4 1/2.	4 st. 06
Chaury 42 pots 360 l. div. en 20 veltes.	1,21	livre.	0,45	Pile de 20 pans sur 5.	6 , 10
Carcassonne.	1,48	26 livres.	11,59	Quintal poids de table.	40 k. 79
Carcassonne.	1,40	16 livres.	7,15	Pile de 18 pans sur 4 1/2.	4 st. 06
Carcassonne. Muid de 1440 l.	5,04	16 livres.	7,15	Pile de 18 pans sur 4 1/2.	4 , 05
Muid de Narb.	5,60	26 livres.	11,59	Quintal poids de table.	40 , 79
Charg de Chaury de 42 pots. 320 l. div. en	1,21	livre.	0,45	Pile de 9 pans sur 4 1/2	2 st. 47
56 pots.	1,54	16 liv. 1/2.	7,35	Pile de 18 pans sur 4 1/2.	4 , 05
320 livres.	1,54		0,45	Charge de mulet de 220 livres	80 k. »
300 livres.	1,25	livre.	0,45	Pile de 16 pans sur 4.	3 st. 20
Limoux.	1,10	livre.	0,45	Pile de 12 pans sur 3.	4 , 80
336 l. div. en 56 pots.	1,58	livre.	0,45	Pile de 18 pans sur 4 1/2.	4 , 06
360 livres.	1,18	26 livres.	11,59	Quintal poids de table.	40 k. 79
Limoux.	1,10	livre.	0,45	Pile de 18 pans sur 4 1/2.	4 st. 06
300 livres.	1,25	livre.	0,45	À l'estime.	
Castelnaudary	1,59	livre.	0,45	Pile de 18 pans sur 4 1/2.	4 , 06
Castelnaudary	1,59	livre.	0,45	Pile de 18 pans sur 4 1/2.	4 , 05
300 livres.	1,25	livre.	0,45	Charge de mulet de 220 livres.	80 k. »
Castelnaudary Lagrasse, div. en 68 pots.	1,55	livre.	0,45	Quintal poids de table.	40 k. 79
356 livres.	1,58	livre.	0,45	Pile de 16 pans sur 4.	3 st. 20
320 livres.	1,54	livre.	0,46	Charge de mulet pesant 220.	80 k. »
Limoux.	1,10	livre.	0,45	Pile de 12 pans sur 3.	4 st. 80
Lagrasse. 300 livres.	1,55	livre.	0,45	Charge de mulet pes. 220 livr.	80 k. »
Lagrasse, div. en 68 pots.	1,55	livre.	0,46	Pile de 18 pans sur 4 1/2.	4 st. 05
360 livres.	1,55	Ch. de 16 m. de 25 liv.	185,46	Quintal poids de table.	40 , 79
356 livres.	1,58	Mes. à la liv.	0,45	Quintal poids de table.	40 , 79
320 livres.	1,54	15 livres.	6,69	Quintal poids de table.	40 , 79
Carcassonne.	1,40	16 livres.	7,15	Pile de 16 pans sur 4.	3 st. 20
300 livres.	1,25	livre.	0,45	À l'estime de charrette.	

NOM DES COMMUNES.	MESURES						
	DE LONGUEUR.		AGRAIRES.		DE CAPACITÉ pour les grains.		
	anciennes.	NOUV.	anciennes.	NOUV.	anciennes.		NOUV.
	CANNE DE	mètres.	SÉTÉRÉE DE	arée métrée.	SETIER DE	hectolitre.	décilitre.
Tréville. B b . . .	Carcass.	1,785	1105 9/12 c. c. C.	55,25	Casteln.		0,60
Trésiers. C c	Carcass.	1,785	1857 1/2 c. c. C.	58,55	Mirepoix.		0,95
Tuchan. A l	Carcass.	1,785	928 c. c. C.	29,57	Limoux.		0,76
	Montp.	1,988					
Valmigère. C d . .	Carcass.	1,785	1024 c. c. C.	52,65	Carcass.		0,86
Vendémies. C c . .	Carcass.	1,785	1024 c. c. C.	52,65	Limoux.		0,76
Ventenac-Cabardès. A c	Carcass.	1,785	1024 c. c. C.	52,65	Carcass.		0,86
Ventenac - d'Aude. D c	Montp.	1,988	600 c. c. M.	25,70	Narbonne		0,71
					Carcass.		0,86
Verdun. B b	Carcass.	1,785	1764 c. c. C.	56,20	Casteln.		0,60
Verzeille. C h . . .	Carcass.	1,785	1024 c. c. C.	52,65	Carcass.		0,86
Vignevieille. A i .	Montp.	1,988	1024 c. c. M.	40,46	Carcass.		0,86
Villalier. A c . . .	Carcass.	1,785	1024 c. c. C.	52,65	Carcass.		0,86
Villanière. A g . .	Carcass.	1,785	1024 c. c. C.	52,65	Carcass.		0,86
Villar-en-Val. A f.	Carcass.	1,785	1024 c. c. C.	52,65	Carcass.		0,86
Villardebelle. C d .	Carcass.	1,785	1024 c. c. M.	40,46	Carcass.		0,86
Villardonnel. A g.	Montp.	1,988	1024 c. c. C.	52,65	Carcass.		0,86
Villar-St.-Anselme. C h	Carcass.	1,785	1024 c. c. C.	52,65	Narbonne		0,71
Villarzel. A c . . .	Carcass.	1,785	1024 c. c. C.	52,65	Carcass.		0,86
Villarzel-du-Razès. C a	Carcass.	1,785	1024 c. c. C.	52,65	Limoux.		0,76
Villasavary. B d .	Toulouse	1,796	1200 c. c. T.	59,71	Carcass.		0,86
Villautou. B a . . .	Carcass.	1,785	1200 c. c. C.	58,25	Carcass.		0,86
Villebazy. C h . .	Carcass.	1,785	1024 c. c. C.	52,65	Carcass.		0,86
Villedubert. A b .	Carcass.	1,785	1024 c. c. C.	52,65	Carcass.		0,86
Villefloure. C h . .	Carcass.	1,785	1024 c. c. C.	52,65	Carcass.		0,86
Villefort. C c . . .	Carcass.	1,785	1024 c. c. C.	52,65	Chalabre.		1,02
Villegailhenc. A c.	Carcass.	1,785	1024 c. c. C.	52,65	Carcass.		0,86
Villegly. A c . . .	Carcass.	1,785	1024 c. c. C.	52,65	Carcass.		0,86
Villelongue. C c . .	Carcass.	1,088	1024 c. c. C.	52,65	Limoux.		0,76
Villemagne. B b . .	Carcass.	1,785	1024 c. c. C.	52,65	Casteln.		0,60
Villemoustaussou A c	Carcass.	1,785	1024 c. c. C.	52,65	Carcass.		0,86
Villeneuve-la-Comp- tal. B c	Carcass.	1,785	1857 1/2 c. c. C.	98,55	Casteln.		0,60
Villeneuve-les-Cha- noines. A j	Carcass.	1,785	1024 c. c. C.	52,65	Carcass.		0,86
	Narbonne	1,967					

MESURES						
DE CAPACITÉ pour le vin.		DE CAPACITÉ pour l'huile.		DE SOLIDITÉ pour le bois de chauffage.		
anciennes.	NOUV.	anciennes.	NOUV.	anciennes.		NOUV.
CHARGE DE	hectol. litres.	MESURE DE	litres. centil.			
556 livres.	1,58	livre.	0,45	Pile de 18 pans sur 4 1/2.	4 st.	05
275 livres.	1,15	livre.	0,45	Pile de 9 pans sur 9.	4 ,	05
500 livres.	1,25	Q. p. de t.	44,56	Charge de mulet de 220 livres	89 k.	»
Limoux.	1,10	livre.	0,45	Pile de 12 pans sur 8.	4 st.	80
300 l. div. en 48 pots.	1,25	livre.	7,15	Pile de 18 pans sur 4 1/2.	4 ,	05
Carcassonne.	1,40	livre.	0,45			»
560 livres.	1,48	26 livres.	11,50	Quintal poids de table.	40 k.	79
Castelnaudary	1,50	livre.	0,45	Pile de 18 pans sur 4 1/2.	4 st.	05
Carcassonne.	1,00	livre.	0,45	Pile de 16 pans sur 4.	5 ,	20
520 livres.	1,31	livre.	0,45	Charge de mulet pes. 220 liv.	89 k.	
Carcassonne.	1,00	livre.	0,45	Pile de 16 pans sur 4.	5 st.	20
520 livres.	1,31	livre.	0,45	Pile de 16 pans sur 4.	5 ,	20
556 l. div. en 56 pots.	1,38	livre.	0,45	Pile de 18 pans sur 4 1/2.	4 ,	05
»	»	livre.	0,45	Pile de 18 pans sur 4 1/2.	4 ,	05
500 livres.	1,25	17 livres.	7,58	Pile de 16 pans sur 4.	5 ,	20
252 livres.	1,05	livre.	0,45	Pile de 16 pans sur 4.	4 ,	05
Carcassonne.	1,40	livre.	0,45	Pile de 16 pans sur 4.	5 ,	20
Limoux.	1,10	livre.	0,45	Pile de 18 p. sur 4 1/2.	4 ,	05
256 l. div. en 8 mig. de 64 j.	1,05	livre.	0,45	Pile de 16 pans sur 4.	5 ,	20
Carcassonne.	1,40	livre.	0,45	Pile de 16 pans sur 4.	5 ,	20
Carcassonne.	1,40	16 livres.	7,15	Pile de 18 pans sur 4 1/2.	4 ,	05
Carcassonne.	1,40	livre.	0,45			
556 livres.	1,58	16 livres.	7,15	Pile de 18 pans sur 4 1/2.	4 ,	05
275 livres.	1,15	livre.	0,45	Pile de 9 pans sur 9.	4 ,	05
Carcassonne.	1,40	16 livres.	7,15	Pile de 16 pans sur 4.	5 ,	20
270 livres.	1,11	livre.	0,45	Pile de 12 pans sur 9.	5 st.	20
500 livres.	1,25	livre.	0,45	Pile de 18 pans sur 4 1/2.	4 ,	05
Carcassonne.	1,40	livre.	0,45	Pile de 18 pans sur 4 1/2.	4 ,	05
Chanry, 42 p. 580 liv. div. en 48 veltes.	1,24	livre.	0,45	Pile de 18 pans sur 4 1/2.	4 ,	05
	1,54	17 livres.	7,58	Quintal poids de table.	40 k.	79

NOM DES COMMUNES.	MESURES						MESURES					
	DE LONGUEUR.		AGRAIRES.		DE CAPACITÉ pour les grains.		DE CAPACITÉ pour le vin.		DE CAPACITÉ pour l'huile.		DE SOLIDITÉ pour le bois de chauffage.	
	anciennes.	nouv.	anciennes.	nouv.	anciennes.	nouv.	anciennes.	nouv.	anciennes.	nouv.	anciennes.	nouv.
	CANNE DE	mètres. millim.	SÉTÉRÉE DE	area. centiar.	SETIER DE	hectolit. litres.	CHARGE DE	hectolit. litres	MESURE DE	litres. centil.		
Villeneuve-les-Mont-réal. A h	Carcass.	1,785	1024 c. c. C.	52,65	Carcass.	0,86	Carcassonne.	1,40	livre.	0,45	Pile de 16 pans sur 4.	5 st. 20
Villepinte B c. . . .	Carcass.	1,785	1024 c. c. C.	52,65	Carcass.	0,86	350 livres.	1,44	livre.	0,45	Pile de 18 pans sur 4 1/2.	4 , 05
Villerouge-Termenès A i.	Montp.	1,968	1024 c. c. M.	40,46	Narbonne	0,71	1600 livres.	1,25	livre.	0,45		»
Villesèque-des-Cor-bières. D f. . .	Narbonne	1,967	1024 c. c. M.	40,46	Narbonne	0,71	520 livres.	1,51	livre.	0,45	Quintal poids de table.	40 k. 79
Villesèque-Laude. A a.	Carcass.	1,785	1024 c. c. C.	52,65	Carcass.	0,86	Carcassonne.	1,40	livre.	0,45	Pile de 18 pans sur 4 1/2.	4 st., 05
Villesiscle dit Lamot-te. B d.	Carcass.	1,785	1024 c. c. C.	52,65	Carcass.	0,86	Carcassonne.	1,40	livre.	0,45	Pile de 16 pans sur 4.	5 , 20
Villespy. B b. . .	Carcass.	1,785	1024 c. c. C.	52,65	Carcass.	0,86	Carcass.div.en 18 veltes.	1,40	livre.	0,45	Pile de 18 pans sur 4 1/2.	4 , 05
Villetritouls. A f. .	Carcass.	1,785	1024 c. c. C.	52,65	Carcass.	0,86	Carcassonne.	1,40	livre.	0,45	Pile de 18 pans sur 4 1/4.	4 , 05
Vinassan. D a. . .	Narbonne	1,967	488 c. c. M.	19,28	Narbonne	0,71 1/4	Muid de Narb.	5,69	26 livres.	11,59	Quintal poids de table.	40 k. 79

11

NOTES.

NOTE PREMIÈRE.

Comme tous les tonneaux ne sont pas construits dans les mêmes proportions que celles qui sont indiquées page 11, nous avons cru être utile en indiquant les moyens d'en obtenir la capacité, connaissant les dimensions du fond, du bouge et de la longueur intérieure.

Ce problème ne peut se résoudre qu'approximativement. Soient F le diamètre du fond, B celui du bouge, L la longueur intérieure, R le rapport de la circonférence au diamètre, on aura la capacité par la relation suivante :

$$ \text{Volume} = \tfrac{1}{4} R \left(\frac{(B+F)}{2} + \frac{(B-F)}{8} \right)^2 \times L $$

ou, expliquée en d'autres termes, il faut prendre la moitié de la somme des diamètres du bouge et du fond, ajouter un huitième de la différence de ces mêmes diamètres, et cette somme la multiplier par elle-même ; multiplier ce produit par la longueur, et ce nouveau produit le multiplier par le quart du rapport de la circonférence au diamètre, 3,14159 : ce qui donne le volume cherché.

Un exemple nous fera mieux comprendre. Soit un tonneau dont la longueur est 1ᵐ 40, la largeur du bouge 1ᵐ 20, la largeur du fond 1ᵐ. La moitié de la somme des diamètres est 1ᵐ 10 ; en ajoutant un huitième de la différence de ces diamètres, on aura 1ᵐ 125 ; cette somme multipliée par elle-même donne 1ᵐ 266, qui, multipliée par la longueur 1ᵐ 40, donne 1ᵐ 77, et enfin ce dernier produit multiplié par le quart du rapport de la circonférence au diamètre 0,785398 donne 1ᵐᶜ, 592, ou 15 hectolitres 90 litres.

NOTE II.

Depuis l'établissement du système métrique, pour faciliter le rapport de l'ancien muid de Narbonne à l'hectolitre, quelques communes dans lesquelles ce muid était en usage y avaient ajouté 4 veltes, ce qui le rendait égal à 4 hectolitres ; ainsi ce nouveau muid se composait de 52 veltes.

NOTE III.

Nous ne finirons point sans dire un mot de la charge de Carcassonne, que M. Caraguel et d'autres font de 143 litres 33. Quoiqu'il soit difficile de donner une véritable valeur à cette charge, faute d'étalon, nous nous sommes déterminé à la porter à 140 litres, rapport établi depuis long-temps par l'usage : les renseignements recueillis dans les localités qui se servaient de cette charge, ont été presque unanimement d'accord sur ce point.

Nous croyons cependant que, lors de sa formation, cette charge se composa de 18 veltes de Paris, et cette velte étant égale à 7 litres 45, la charge était composée de 134 litres 10 centièmes. Ce qui semblerait le prouver, c'est que plusieurs personnes avancées en âge et dignes de foi, nous ont assuré que la velte contenait autrefois 3 pots ou quartons, et par conséquent la charge valait 54 pots ou 134 litres 10 centilitres ; mais depuis l'établissement du nouveau système des mesures, depuis 40 ou 50 ans, cette charge a éprouvé des variations ; l'augmentation de 2 pots a eu lieu, sans doute, pour le même motif que le muid de Narbonne, dont nous avons parlé précédemment, et l'on supposa la charge de 56 pots ou 140 litres, pour se rendre plus facilement compte de l'hectolitre et du litre : telle est notre conviction.

BIBLIOTHÈQUE ROYALE

Fig. 3.

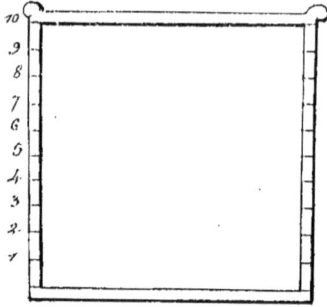

Fig. 2.

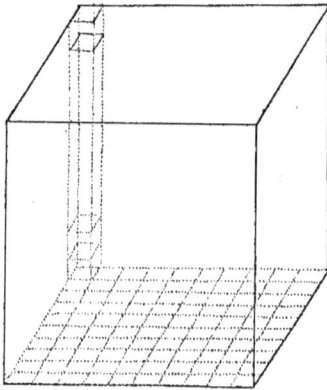

Fig. 1.

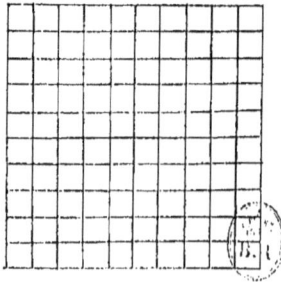

Litho der Gebrüder ....

www.ingramcontent.com/pod-product-compliance
Lightning Source LLC
Chambersburg PA
CBHW071333200326
41520CB00013B/2962